基于比例边界有限元方法的混凝土结构静动态断裂模拟

朱朝磊　林　皋　李建波　著

中国建筑工业出版社

图书在版编目（CIP）数据

基于比例边界有限元方法的混凝土结构静动态断裂模拟/朱朝磊，林皋，李建波著.—北京：中国建筑工业出版社，2020.5

ISBN 978-7-112-25132-2

Ⅰ.①基… Ⅱ.①朱… ②林… ③李… Ⅲ.①混凝土坝-重力坝-应力分析-裂纹扩展-有限元法 Ⅳ.①TV642.3

中国版本图书馆CIP数据核字（2020）第075808号

当前，带裂纹缺陷工作的结构的安全性越来越受到人们的关注，这些裂纹缺陷在地震作用等外力作用下逐渐地形成宏观裂纹并可能发生灾难性的破坏。如何描述存在裂纹的结构体的静动力特性及裂纹扩展规律是学术与工程界关注的热点问题之一。计算断裂力学是分析这类断裂问题的有效手段。比例边界有限元法是最近发展起来的一种全新的半解析的数值方法，它不但保留了传统有限元法和边界元法的优点，而且还具有自己的特点。

在此基础上，本书进一步发展了基于比例边界有限元法的静动力断裂分析模型，提出了基于超单元重剖分技术的模拟裂纹扩展的新方法，并将此方法应用到地震作用下的大坝地基系统的动态断裂分析中，进一步拓宽了比例边界有限元法的应用领域。

责任编辑：曹丹丹
文字编辑：高　悦
责任校对：焦　乐

基于比例边界有限元方法的混凝土结构静动态断裂模拟
朱朝磊　林　皋　李建波　著

*

中国建筑工业出版社出版、发行（北京海淀三里河路9号）
各地新华书店、建筑书店经销
北京鸿文瀚海文化传媒有限公司制版
北京建筑工业印刷厂印刷

*

开本：787×1092毫米　1/16　印张：8¼　字数：201千字
2020年6月第一版　2020年6月第一次印刷
定价：**48.00**元
ISBN 978-7-112-25132-2
（35879）

前　言

带裂纹缺陷工作的结构的安全性越来越受到人们的关注，这些裂纹缺陷在地震作用等外力作用下逐渐形成宏观裂纹并可能发生灾难性的破坏。如何描述存在裂纹的结构体的静动力特性及裂纹扩展规律是学术与工程界关注的热点问题之一。计算断裂力学是分析这类断裂问题的有效手段。比例边界有限元法是最近发展起来的一种全新的半解析的数值方法，它不但保留了传统有限元法和边界元法的优点，而且还有自己的特点：①只需要在求解区域的部分边界进行离散便可使求解问题降低一维，且不需要基本解；②在径向方向的位移和应力可以精确地解析求解，不需要引入特殊单元就能够准确地分析裂尖应力奇异场；③在分析无限域动力特性时，能够自动满足远场辐射条件。

本书在前人研究的基础上进一步发展了基于比例边界有限元法的静动力断裂分析模型，提出了基于超单元重剖分技术的模拟裂纹扩展的新方法，并将此方法应用到地震作用下大坝-地基系统的动态断裂分析中，进一步拓宽了比例边界有限元法的应用领域。具体章节安排如下：

第一章主要论述了选题背景和意义，回顾了断裂力学、混凝土断裂力学及断裂力学数值模拟方法的研究进展，确定了本书的研究工作和研究内容。本章由烟台大学朱朝磊负责编写。

第二章主要介绍了 SBFEM 的研究进展、基本概念和比例坐标变换；介绍了用加权余量法推导 SBFEM 位移控制方程和动力刚度控制方程；介绍了无限地基加速度单位脉冲响应函数的求解，给出了静力刚度阵、质量阵和应力强度因子的求解公式；最后评述了 SBFEM 的优缺点。本章由烟台大学朱朝磊负责编写。

第三章主要利用 Griffith 裂纹模型中应力场、位移场的解析表达式，按照 J 积分的积分回路定义，推导了任意角度复合型裂纹的 J 积分与应力强度因子的关系；并用 SBFEM 与 FEM 对得到的关系进行了验证；最后将它们的关系用于求解线弹性材料任意角度裂纹的能量释放率。本章由大连理工大学李建波负责编写。

第四章主要利用 SBFEM 超单元可以是满足可视条件的任意尺寸和形状的多边形等特点提出了 SBFEM 超单元重剖分技术，并用于模拟脆性材料的线弹性裂纹扩展；基于线性叠加假设，混凝土结构非线性断裂扩展问题被近似地简化为线弹性问题的求解，而虚拟裂纹面的黏聚力视为解析表达的 Side-face 力，由它引起的位移场作为 SBFEM 非齐次控制方程的特解来计算，并将这种方法用于模拟混凝土梁Ⅰ型和Ⅰ/Ⅱ复合型裂纹的扩展。本章由烟台大学朱朝磊负责编写。

第五章主要改进了 SBFEM 简单网格重剖分和超单元重剖分技术，提出了与其相应的网格映射技术，并将它们应用于矩形板中心裂纹恒速传播时动态扩展的分析中，该方法能够精确、有效地捕捉动态裂纹扩展的轨迹。本章由大连理工大学林皋负责编写。

第六章主要利用 SBFEM 在模拟无限介质时自动满足无穷远处波动传播条件的特点对地震作用下的大坝-地基耦合系统进行动力相互作用时域分析，研究了坝体无裂纹、裂纹不扩展及裂纹扩展三种情况，探讨了初始裂纹在不同长度条件下，裂纹起裂时间及扩展长度的变化规律；利用非光滑方程组方法来求解裂纹面的动摩擦接触问题，解决了地震作用下裂纹面相互嵌入的问题。本章由烟台大学朱朝磊负责编写。

第七章主要给出了本书研究工作的一些重要结论。本章由烟台大学朱朝磊负责编写。

在本书编写过程中，得到了山东省自然科学基金（ZR2017BEE046）的资助。

限于编者的水平与认知的局限性，书中难免存在不足之处，谨请读者批评指正。

目　录

1 绪 论

1.1 背景和意义

中国国民经济的发展长期以来过分地依赖石油、煤炭等不可再生资源，导致了日益严重的环境污染和能源结构问题，而且随着不可再生资源日益枯竭，能源短缺问题也日益突显。为了解决能源短缺问题，有必要加大包括水电能源在内的清洁能源的推广。中国在发展水电能源方面有自己的优势也取得了很多成果，同时也面临一些问题。

一方面，中国河流众多，是世界上水能资源最丰富的国家，蕴藏量达6.76亿kW，可供开发的装机容量可达3.78亿kW，目前仍有70%以上的水能资源等待开发，特别是西部地区，水能资源蕴藏丰富，占全国近80%，独特的地形形成了巨大的河流落差，尤其适合修建200～300m量级的高坝大库。表1-1列出了中国几座规划建造或者已经建成的高拱坝的工程特性。目前，中国不但在30m以上大坝的数量上居世界第一，而且不少大坝的高度、规模达到了世界水平，可以说，中国的高坝建设是世界水平的。这些大型水利枢纽的建设对于保持国民经济的发展速度具有重要作用。

中国几座典型的高拱坝 **表1-1**

拱坝名称	最大坝高（m）	坝址	设计地震加速度（g）
大岗山	210	大渡河	0.558
拉西瓦	250	黄河	0.230
龙盘	296	金沙江	0.408
白鹤滩	289	金沙江	0.325
溪洛渡	285.5	金沙江	0.355
小湾	294.5	澜沧江	0.313
锦屏一级	305	雅砻江	0.197

另一方面，中国地质结构复杂且地震活动频繁。自有记载以来，中国已发生破坏性地震数千次，其中8.0级及以上的重大破坏性地震达18次之多。当地震发生时，由于地面的强烈震动会导致地面的开裂、变形及沙土的液化等，进而引起地面上的建筑物发生损坏和倒塌，造成严重的人员伤亡和财产损失。地震还会带来一系列严重的次生灾害：山体滑坡崩塌、泥石流、大坝溃坝造成的水灾；核电站的核岛发生破坏会发生核泄漏；管道破坏会造成石油、天然气、有毒的化学气体泄漏等，这都将对人民的生命和财产带来严重威胁。表1-2列出了史上全球范围内重大的地震灾害。

全球范围内发生的重大破坏性地震统计表　　表 1-2

时间	地点	里氏震级	死亡人数	经济损失（百万美元）
1556.01.23	中国陕西华县	8.0 级	830000	—
1906.04.18	美国旧金山	8.3 级	60000	524
1923.09.01	日本关东	8.3 级	142800	—
1960.05.22	智力	8.9 级	5700	68
1976.07.28	中国唐山	7.9 级	242000	5600
1985.09.19	墨西哥	8.1 级	10000	800
1995.01.17	日本阪神	7.2 级	5466	>100000
1999.08.17	土耳其	7.4 级	17000	13000
2004.12.26	印度苏门答腊	8.7 级	232010	—
2005.10.08	巴基斯坦	7.8 级	79000	500
2008.05.12	中国汶川	8.0 级	67551	140000
2011.03.11	日本福岛	9.0 级	14133	7000

具有丰富水能资源的中国西南地区，地质条件复杂，地震活动频繁，例如最近异常活跃的龙门山断裂带，分别于 2008 年 5 月 12 日和 2013 年 4 月 20 日在汶川和雅安发生了 7 级以上的大地震。位于这些地震带的水利工程，都具有较大的设计地震加速度（表 1-1），这在世界范围内也没有太多工程先例，因此，大坝的抗震分析与安全评价成为大坝设计需要考虑的关键技术问题之一，也是坝工界研究的重要的前沿课题。

在很多实际的土木工程中，裂纹的起始和扩展是导致结构破坏最常见的因素之一。例如，混凝土坝在其寿命的开始阶段就不可避免地出现相当尺寸的微裂纹和内部缺陷。这些事先存在的内部缺陷和微裂纹在强震、水压、渗流、地基不均匀沉降等各种复杂荷载作用下，首先在裂纹尖端的前缘附近经历一段缓慢的亚临界扩展-断裂过程区（Fracture Process Zone，FPZ），之后逐步发展成为失稳扩展的宏观裂纹（图 1-1），这严重地削弱了大坝的承载能力，甚至导致大坝的灾难性破坏。因此，裂纹成为危害混凝土大坝安全的重要因素之一，在抗震分析与安全评价过程中必须予以考虑。

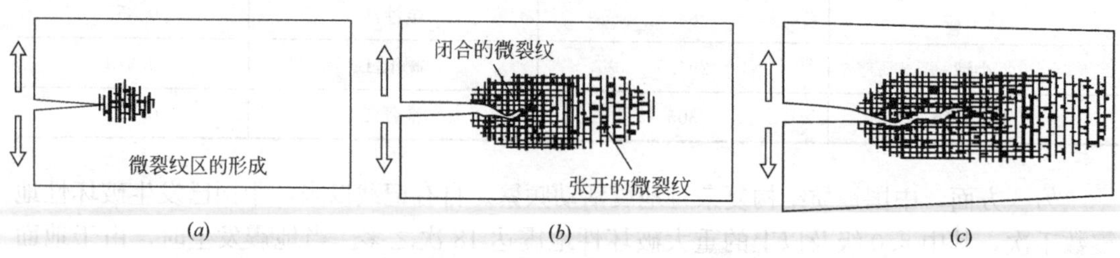

图 1-1　混凝土材料裂纹扩展的三个阶段

（*a*）起裂；（*b*）发展；（*c*）破坏

坝工史上坝体开裂的工程实例已有不少，如中国的石门拱坝在 8 号～10 号段坝中处发生开裂，裂纹深度 5～12m，最大开度达 3mm；中国的柘溪单支墩大头坝 1 号和 2 号支墩也先后 2 次被发现出现裂纹；加拿大西部 Revelstoke 重力坝 P3 坝段上游面裂纹在蓄水后突然向下游面扩展，深度最大达30m，廊道内渗水十分严重。遭受地震损伤破坏的大坝的工程实例也有很多，如美国的Pacoima拱坝分别经历了1971年的圣费尔南多地震（6.6级）和1994年的北岭强震（6.8级），第一次地震就造成坝体和左岸重力墩之间的垂直接缝拉开1cm，深度达14m，而在第二次地震中一条构造横缝更是被拉开了5cm；中国台湾的谷关拱坝，在1999年的集集地震（7.3级）之后，在右岸坝顶距右拱端约2.5m处发现一条垂直穿越坝顶路面的裂纹，该裂纹在下游坝面形成长约25m的斜裂纹（图1-2*a*）；印度的Koyna重力坝，在1967年的水库诱发地震中，多个非溢流段坝体上下游面都出现了水平裂纹甚至出现了贯穿性裂纹；此外，中国的新丰江大头坝和青铜峡大坝，中国台湾的石冈重力坝（图1-2*b*），法国的Tona拱坝等也都不同程度地出现断裂破坏。这些大坝的破坏都带来了不同程度的经济和人员损失，可见，对大坝进行裂纹扩展的预测和模拟具有重要的工程意义。

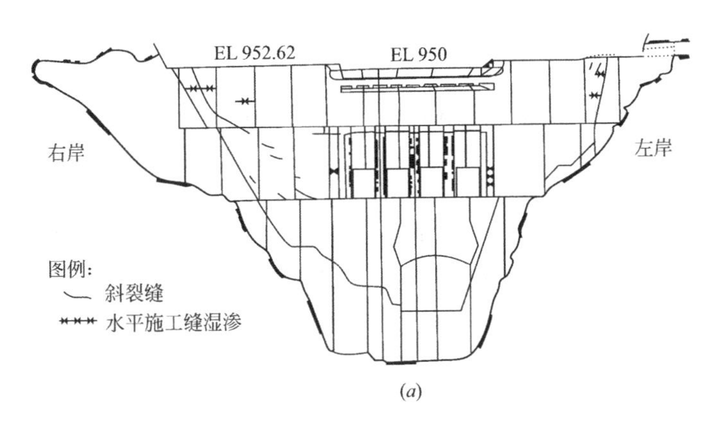

(*a*)

(*b*)

图1-2 集集地震后部分大坝破坏情况

（*a*）谷关拱坝的破坏情况（下游立视）；（*b*）石冈重力坝的破坏情况

结构中裂纹扩展过程的数值模拟也一直是研究的热点问题。要实现对结构中裂纹扩展的模拟，就要很好地解决描述裂纹的方式、裂纹扩展判据的选择和数值方法的选取等问题。要准确地描述结构中的裂纹，对应变不连续的合理表达是必要的，离散裂纹模型和弥散裂纹模型是其中最常使用的描述裂纹的方式。对于裂纹扩展判据的选择，早期的裂纹扩展分析使用的是抗拉强度准则，但是，一方面，由于裂纹的存在会导致裂纹尖端处的应力奇异性，另一方面，决定裂纹从初始状态开始扩展所需要施加力的大小依赖裂纹前缘有限单元的尺寸，这使该方法丧失客观性，所以，断裂力学原理被引入裂纹模型中来解决上述的问题。计算机的出现和高速发展使数值方法研究断裂力学问题成为一种可行、可靠的手段，并逐渐发展成为一门新的学科——计算断裂力学。有限元（Finite Element Method，FEM）、扩展有限元（eXtended Finite Element Method，XFEM）、边界元（Boundary Element Method，BEM）、无网格法（Meshless/Meshfree Method）等数值方法与断裂力学的结合，极大地拓展了断裂力学在新材料研制、材料增韧等领域的应用。然而这些数值方法在求解断裂力学问题还都没进入完备阶段，不同程度上都显现出了一些不足和明显的局限性，例如，它们在处理裂纹尖端处的应力奇异性时，通常需要引入特殊单元、特殊的函数形式或是密集的网格等，一定程度上限制了它们的应用推广。

比例边界有限元法（Scaled Boundary Finite Element Method，SBFEM）是 20 世纪 90 年代末由 Song 和 Wolf 提出的一种全新的半解析的数值方法，它不但保留了传统有限元法和边界元法的优点，而且不需要引入奇异单元等特殊处理就能够半解析地求解应力强度因子（SIFs）；另外，它在求解无限域时，只需离散近场地基和远场地基交界面，远场辐射条件就能够自动满足。所以 SBFEM 特别适合于求解含有无限域和应力奇异性的工程问题。

本书的主要工作就是利用 SBFEM 这些显著的优点分析断裂问题、无限域问题及二者都存在的问题，在此过程中推导了复合型裂纹 J 积分与应力强度因子的关系，并将其用于求解结构的断裂能；提出了基于超单元重剖分技术模拟裂纹扩展的新方法，并将其应用到静力、动力裂纹扩展中，最后拓展到地震作用下大坝-地基系统的动态断裂分析中，进一步拓宽了 SBFEM 的应用领域。

1.2 线弹性断裂力学的基本概念

断裂力学有两个主要的方法：线弹性断裂力学（Linear Elastic Fracture Mechanics，LEFM）和非线性断裂力学（Nonlinear Fracture Mechanics，NFM）。LEFM 认为裂纹尖端和尖锐拐角处存在应力奇异；而 NFM 认为真实材料的强度是有限的，不可能存在无穷大的应力，在裂纹尖端附近存在一定尺寸不可忽视的材料塑性区域或损伤区，材料的非线性特征也主要考虑这些区域，其他区域仍可用 LEFM 方法来模拟。本节将简单概述应用于 LEFM 分析的基本理论和相关定义，而在下一节将对 NFM 在混凝土材料中的应用情况进行简单介绍。

1.2.1 裂纹的变形模式

在应力方法中，Westergaard 首次利用复杂的函数确定尖锐裂纹尖端附近的位移场与应力场，随后 Irwin 提出了应力强度因子的概念如下：

$$\begin{Bmatrix} K_{\mathrm{I}} \\ K_{\mathrm{II}} \\ K_{\mathrm{III}} \end{Bmatrix} = \lim_{r\to 0,\ \theta=0} \begin{Bmatrix} \sigma_{22} \\ \sigma_{12} \\ \sigma_{23} \end{Bmatrix} \tag{1-1}$$

其中 σ_{ij} 为裂纹尖端附近的应力，K_i 分别和上下裂纹面的 3 个独立运动关联，裂纹由此分为以下 3 种类型（图 1-3）。

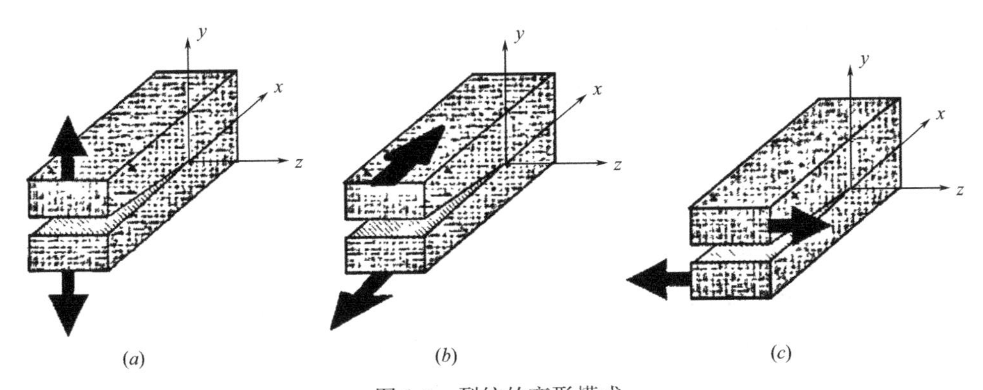

图 1-3 裂纹的变形模式

（a）张开型（Ⅰ型）；（b）滑移型（Ⅱ型）；（c）撕裂型（Ⅲ型）

（1）Ⅰ型-张开型：两个裂纹面沿 y 轴方向被拉开，它们的变形是关于 x-z 和 x-y 平面对称的。

（2）Ⅱ型-剪切型：两个裂纹面在 x 轴方向相互滑动，它们的变形是关于 x-y 平面对称的，是关于 x-z 平面反对称的。

（3）Ⅲ型-撕裂型：两个裂纹面在 z 轴方向相互滑动，它们的变形是关于 x-y 平面和 x-z 平面反对称的。

1.2.2 各向同性的裂纹尖端附近位移场与应力场

利用 Irwin 应力强度因子的概念，如图 1-3 所示，3 种类型裂纹尖端附近的奇异应力场和位移场在直角坐标系下的表达式可参见文献［17］。但是，有时候为了方便应用，经常需要裂纹尖端应力场的极坐标表达：

对于纯Ⅰ型荷载的情况：

$$\sigma_r=\frac{K_{\mathrm{I}}}{\sqrt{2\pi r}}\cos\frac{\theta}{2}\left(1+\sin^2\frac{\theta}{2}\right) \tag{1-2}$$

$$\sigma_\theta=\frac{K_{\mathrm{I}}}{\sqrt{2\pi r}}\cos\frac{\theta}{2}\left(1-\sin^2\frac{\theta}{2}\right) \tag{1-3}$$

$$\tau_{r\theta}=\frac{K_{\mathrm{I}}}{\sqrt{2\pi r}}\sin\frac{\theta}{2}\cos^2\frac{\theta}{2} \tag{1-4}$$

对于纯Ⅱ型荷载的情况：

$$\sigma_r=\frac{K_{\mathrm{II}}}{\sqrt{2\pi r}}\left(-\frac{5}{4}\sin\frac{\theta}{2}+\frac{3}{4}\sin\frac{3\theta}{2}\right) \tag{1-5}$$

$$\sigma_\theta=\frac{K_{\mathrm{II}}}{\sqrt{2\pi r}}\left(-\frac{3}{4}\sin\frac{\theta}{2}-\frac{3}{4}\sin\frac{3\theta}{2}\right) \tag{1-6}$$

$$\tau_{r\theta}=\frac{K_{\mathrm{II}}}{\sqrt{2\pi r}}\left(\frac{1}{4}\cos\frac{\theta}{2}+\frac{3}{4}\cos\frac{3\theta}{2}\right) \tag{1-7}$$

式中，K_i 为应力强度因子，描述裂纹尖端奇异性的程度；$r=\sqrt{x^2+y^2}$ 为给定点到裂纹尖端的距离，θ 为给定点与裂纹轴所成的夹角。

1.2.3 复合型裂纹模型的扩展准则

对于Ⅰ型裂纹问题，满足下面条件就认为裂纹开始起裂：

$$K_{\mathrm{I}} \geqslant K_{\mathrm{Ic}} \tag{1-8}$$

但是现实中的裂纹大部分是复合型裂纹，需要复合型裂纹扩展准则，常用的有最大周向拉应力准则（$\sigma_{\theta\max}$），最小应变能密度准则和最大能量释放率准则。

1. 最大周向拉应力准则

Erdogan 和 Sih 提出了第一个复合型起裂理论-最大周向拉应力准则，它是基于裂纹尖端附近应力状态的极坐标表达形式。最大周向拉应力准则规定满足下列条件时裂纹开始扩展：

(1) 在裂纹尖端的径向方向。

(2) 在垂直于最大应力方向的平面内。

(3) 当最大周向应力 $\sigma_{\theta\max}$ 达到临界材料常数时。

可以很容易地发现当 $\tau_{r\theta}=0$ 时，σ_θ 达到其最大值，由相关表达式（1-4）和（1-7）可以求得：

$$\cos(\theta/2)[K_{\mathrm{I}}\sin\theta + K_{\mathrm{II}}(3\cos\theta-1)]=0 \tag{1-9}$$

由此我们可以得到 $\theta_0=\pm\pi$（这个解是不重要的）和满足下列方程的解：

$$K_{\mathrm{I}}\sin\theta + K_{\mathrm{II}}(3\cos\theta-1)=0 \tag{1-10}$$

据此可以得到裂纹扩展的角度 θ_0 为

$$\tan\theta_0=\frac{1}{4}\left(\frac{K_{\mathrm{I}}}{K_{\mathrm{II}}}\pm\sqrt{\left(\frac{K_{\mathrm{I}}}{K_{\mathrm{II}}}\right)^2+8}\right) \tag{1-11}$$

让最大周向应力等于材料常数的临界值，我们可得裂纹扩展的准则：

$$K_{\theta_0}=\cos\frac{\theta_0}{2}\left(K_{\mathrm{I}}\cos^2\frac{\theta_0}{2}-\frac{3}{2}K_{\mathrm{II}}\sin\theta_0\right)\geqslant K_{\mathrm{Ic}} \tag{1-12}$$

2. 最大能量释放率准则

Hussian 等将 Griffith-Irwin 应变能释放率的概念扩展至任意方向Ⅰ/Ⅱ型复合裂纹扩展的判别。假定当能量释放率达到临界值 G_{Ic} 时，裂纹将沿能量释放率最大的方向扩展。当裂纹扩展分支趋于 0 时，扩展分支方向的应力强度因子可以表示为：

$$K_{\mathrm{I}}(\theta)=\left(\frac{4}{3+\cos^2\theta}\right)\left(\frac{1-\theta/\pi}{1+\theta/\pi}\right)^{\frac{\theta}{2\pi}}\left(K_{\mathrm{I}}\cos\theta+\frac{3}{2}K_{\mathrm{II}}\sin\theta\right) \tag{1-13}$$

$$K_{\mathrm{II}}(\theta)=\left(\frac{4}{3+\cos^2\theta}\right)\left(\frac{1-\theta/\pi}{1+\theta/\pi}\right)^{\frac{\theta}{2\pi}}\left(-\frac{1}{2}K_{\mathrm{I}}\sin\theta+K_{\mathrm{II}}\cos\theta\right) \tag{1-14}$$

其中 θ 为扩展分支角度，$K_{\mathrm{I}}(\theta)$ 为 θ 方向的Ⅰ型应力强度因子，$K_{\mathrm{II}}(\theta)$ 为 θ 方向的Ⅱ型应力强度因子。这时能量释放率可表示为：

$$\begin{aligned}G(\theta)&=(K_{\mathrm{I}}^2(\theta)+K_{\mathrm{II}}^2(\theta))/E'\\&=\frac{4}{E'}\left(\frac{1}{3+\cos^2\theta}\right)^2\left(\frac{1-\theta/\pi}{1+\theta/\pi}\right)^{\frac{\theta}{\pi}}[(1+3\cos^2\theta)K_{\mathrm{I}}^2+8\sin\theta\cos\theta K_{\mathrm{I}}K_{\mathrm{II}}+(9-5\cos^2\theta)K_{\mathrm{II}}^2]\end{aligned} \tag{1-15}$$

式中，对于平面应力问题 $E'=E$，平面应力问题 $E'=E/(1-\upsilon^2)$，E 为弹性模量，υ 为泊松比。裂纹扩展方向 θ_0 可由式（1-15）和式（1-16）确定：

$$\frac{\partial G(\theta)}{\partial\theta}=0;\quad \frac{\partial^2 G(\theta)}{\partial^2\theta}<0 \tag{1-16}$$

可得裂纹扩展的准则：

$$G_{\theta_0}\geqslant G_{\mathrm{Ic}}=K_{\mathrm{Ic}}^2/E' \tag{1-17}$$

3. 最小应变能密度准则

Sih 提出的最小应变能密度理论已经受到了不少关注，它认为当最小应变能密度达到临界值时，裂纹将沿应变能密度最小的方向扩展。对于双轴应力状态，单位体积的应变能为 $\mathrm{d}W/\mathrm{d}V$：

$$\frac{\mathrm{d}W}{\mathrm{d}V}=\frac{S(\theta)}{r_0\pi}=\frac{1}{r_0\pi}(a_{11}K_{\mathrm{I}}^2+2a_{12}K_{\mathrm{I}}K_{\mathrm{II}}+a_{22}K_{\mathrm{II}}^2) \tag{1-18}$$

式中

$$a_{11}=\frac{1}{16\mu}[(1+\cos\theta)(\kappa-\cos\theta)] \tag{1-19}$$

$$a_{12}=\frac{\sin\theta}{16\mu}[2\cos\theta-(\kappa-1)] \tag{1-20}$$

$$a_{22}=\frac{1}{16\mu}[(\kappa+1)(1-\cos\theta)+(1+\cos\theta)(3\cos\theta-1)] \tag{1-21}$$

其中，$\mu=E/2(1+\upsilon)$ 为剪切模量，κ 为弹性常数，在平面应力条件下，$\kappa=(3-\upsilon)/(1+\upsilon)$；在平面应变条件下，$\kappa=3-4\upsilon$。

裂纹扩展方向 θ_0 可由式（1-22）确定：

$$\frac{\mathrm{d}S(\theta)}{\mathrm{d}\theta}=0;\quad \frac{\mathrm{d}^2S(\theta)}{\mathrm{d}^2\theta}>0 \tag{1-22}$$

1.2.4 应力强度因子的数值求解

在线弹性断裂力学分析中，确定应力强度因子或者能量释放率的值是十分必要的，它们都是断裂力学中重要的参数。在已提出的众多数值方法中，以下几个方法应用最为普遍：

1. 四分之一点奇异单元（Quarter-point Elements）

Barsoum、Henshell 和 Shaw 都发现通过将二次等参单元的中间节点移动到四分之一点处可以模拟应力奇异性。将这些“四分之一点”单元围绕裂尖周围放置可以模拟 $1/\sqrt{r}$ 应力奇异性问题。这时的应力强度因子可以通过把解析解和奇异单元的位移场联系起来进行求解。Ingraffea 和 Manu 将其扩展到三维问题中。但是，Harrop 发现“四分之一点”单元尺寸的大小严重影响到应力强度因子的值。在一般情况下，是不可能决定最佳单元尺寸的。

2. J 积分（J-integral）

Eshelby 推导了和路径无关的积分，随后 Rice 发现它与裂纹的能量释放率一致。这种方法的主要优点是能够在远离裂纹的地方进行积分计算，而不必模拟裂纹尖端的奇异性。Rice 关于平面裂纹的 J 积分回路定义参见本书第三章，积分路径的选择参见图 3-1。Rice 发现，在小变形和单调加载的情况下，若不计体力时 J 积分的值与积分路径无关。J 积分对于裂纹尖端有很大塑性变形而 LEFM 不再适用的情况仍然是适用的，这避免了对裂纹尖端复杂应力场的直接求解。Willis 给出两种材料交界面裂纹 J 积分与应力强度因子的关系：

$$J=\frac{1}{2}\left(\frac{1}{E_1'}+\frac{1}{E_2'}\right)(K_{\mathrm{I}}^2+K_{\mathrm{II}}^2)/\cosh^2(\pi\varepsilon) \tag{1-23}$$

式中，对于平面应力问题 $E_i'=E_i$，对于平面应变问题 $E_i'=E_i/(1-\upsilon^2)$；E_i $(i=1,\ 2)$ 为 i 材料的弹性模量，υ 为泊松比；ε 为双材料常数。对于包括体力影响、初始应变、初始应力和裂纹面力的二维应力奇异问题，Reich 于 1993 年推导了 J 积分的一般形式：

$$J_i=\int_{\Gamma}(Wn_i-\overline{t_j'})\,\mathrm{d}\Gamma+\int_{\Gamma_t}[Wn_i-(\hat{t}_j+pn_j)u_{j,i}]\,\mathrm{d}\Gamma+\int_{\Omega}[\alpha_T\bar{\sigma}_{jj}'T_i-(b_j-p_j)u_{j,i}]\,\mathrm{d}\Omega \tag{1-24}$$

式中，Γ 定义为围绕裂纹尖端的积分回路；Γ_t 指 Γ 和裂尖之间的裂纹面部分；Ω 为 Γ 围绕的区域；$\overline{t'}$ 为起作用的表面力；$T_{,i}$ 为对应 x_i 的温度梯度；$p_{,j}$ 为静力孔隙压力梯度。

Chen 等人研究发现，V 形缺口问题的 J 积分和积分路径是相关的。自从 J 积分方法提出以来，很多路径无关积分被提出来解决断裂问题，其中较流行的有 M 积分，E 积分和交互能量积分等。此外，对于两种各向同性材料的交界面裂纹，Yang 提出的路径积分法中的积分路径可包括另一个裂纹尖端。

3. 虚拟裂纹扩展法（Virtual Crack Extension，VCE）

这类方法和 J 积分方法类似，其计算结果仍是裂纹尖端的能量释放率，该方法通过计算由裂纹尖端的轻微扰动引起的系统总势能的改变来获得裂纹尖端的能量释放率。通过两种方式来完成：①通过对裂纹扰动前后的情况直接进行两个独立的分析；②通过对总势能求微分，总势能和裂纹尖端周围弹性场的虚拟平移有关。第二种方法也被称为能量区域积分或等效能量区域积分，这种方法的缺点是必须仔细地设计环绕裂纹尖端的有限单元网格。

1.3 断裂力学在混凝土材料中的应用

1.3.1 混凝土的断裂行为

混凝土作为建筑材料的应用已有 100 多年的历史，然而它的断裂属性仍未被很好地了解。由于水泥浆和骨料构成的内部微结构在很小荷载作用下可能会出现很大的应力集中，所以微裂纹在峰值荷载到来之前可能已经扩展很长距离，但是骨料间的摩擦力仍能提供一定的荷载承载力。

混凝土断裂分为三个阶段：①微裂纹的萌生、发展和合并；②裂纹面间的晶粒桥联；③真正的裂纹，这时骨料可能有咬合作用和摩擦力。如图 1-4 所示的是一种断裂过程的理想化模型。从图中可以看出，完整无损的材料逐渐转变成完全张开无牵引力裂纹（真正的裂纹），完整无损的材料与真正的裂纹之间的区域为 FPZ，在这个区域，能量被逐渐的耗散，且 FPZ 的存在引起裂纹尖端远处的理论奇异应力场的重分布。

1.3.2 线弹性断裂力学的应用

Kaplan 在 1961 年首次将 LEFM 应用于混凝土材料，发现了亚临界裂纹扩展现象。但

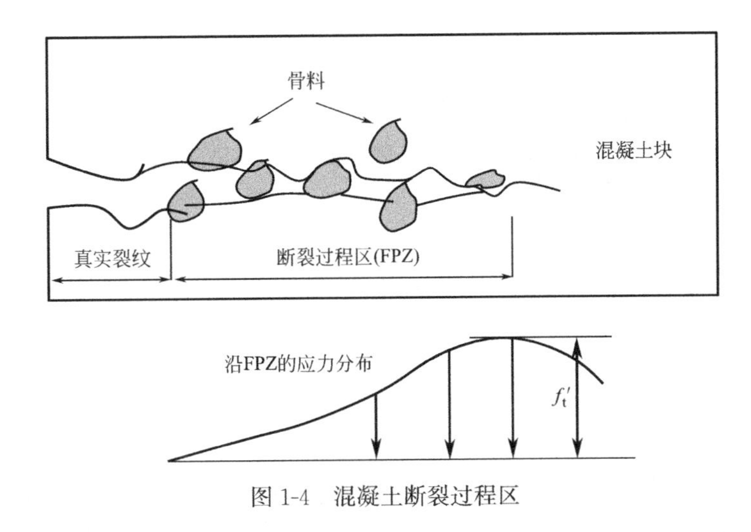

图 1-4 混凝土断裂过程区

是 Kleser 等认为对于像混凝土这样的不均匀材料 LEFM 不再适用。通过材料试验获得的混凝土的断裂韧性 K_{Ic} 有明显的尺寸效应，即试件尺寸越大，测得的 K_{Ic} 越大。但是当混凝土试件尺寸非常大而 FPZ 与整个试件相比很小时，LEFM 能够真实地描述混凝土的断裂特性，徐世烺通过巨型紧凑拉伸试件测得了与尺寸无关的 K_{Ic}，并在混凝土断裂能、断裂韧性、裂纹扩展过程等方面做了研究，提出了双 K 断裂参数模型。

1.3.3 非线性断裂力学的应用

随着计算机的广泛应用，有限元法成为混凝土结构分析最受欢迎的工具，Rashid、Chang 等人都试图将其应用到对混凝土裂纹的模拟中。在早期的分析中，没有引入断裂力学的概念，且出现了严重的网格依赖现象，随后这种网格依赖通过在本构方程中引入断裂能和特征长度来改进。众多的方法被提出来模拟混凝土的非线性，这其中主要分为两种观点：第一类方法通过引入非线性本构关系用连续介质力学观点来处理问题；另一类方法是基于断裂力学重点研究离散裂纹扩展。前一种方法被认为是弥散裂纹模型，后一种方法则称为离散裂纹模型。弥散裂纹模型假设在有限单元内分布着无穷多个无穷小张开的平行裂纹，而裂纹扩展通过降低材料的刚度和强度来模拟，这些单元的本构关系是由应力-应变非线性关系来定义，且考虑了应变的软化。离散裂纹模型中的网格考虑了裂纹的形态，通过不断地修改模型的边界来刻画裂纹的演化。对于混凝土材料，常常通过在模型中耦合非线性黏聚界面单元（Cohesive Interface finite Elements，CIEs）来描述位移的不连续，这些单元的本构行为是由软化的牵引力-裂纹相对位移关系来描述。

1. 弥散裂纹模型

弥散裂纹模型是由 Rashid 最早提出的，模型中的损伤和开裂分布或弥散在一定体积中。弥散裂纹法着重发展能够模拟混凝土行为的本构模型，它的两个主要本构理论形式为：完全（或代数）表达式和微分表达式。

1）完全表达式

完全表达式又可以分为三个模型：

(1) 弹塑性断裂模型是其中最常规的，其割线刚度张量的每个分量的演变规律必须详细说明。

(2) 在正交各向异性弥散裂纹模型中，当满足断裂准则时，正交各向异性材料表达式被引入。通过该点的主应力方向来为正交各向异性形式定义材料轴。每个方向的材料属性是不同的，和这个方向的裂纹数量相关。正交各向异性弥散裂纹模型又可分为两种方法：固定裂纹方法和旋转裂纹方法。

(3) 损伤模型可视为弹塑性断裂模型的一个子集，通过引入损伤变量描述材料内部性质的劣化状态。损伤变量是描述材料内部空隙、裂纹性质劣化状态的宏观变量，再通过宏观或细观途径来研究宏观裂纹出现前微裂纹的萌芽、扩展、贯通及其材料整体的性能退化。宋玉普和王怀亮结合损伤力学和内时理论建立了内时损伤本构模型。王中强和余志武从 Najar 损伤理论出发，从能量损失角度定义混凝土的损伤。

2) 微分表达式

基于塑性的数学理论的微分表达式是其中比较著名的，对于混凝土材料，很多学者提出了塑性基模型。塑性基模型主要特点是沿着初始材料刚度卸载，因此它不能捕捉到裂纹的闭合。

经过后来研究发现，以上这些模型都显示出了严重的网格依赖现象，且随着单元尺寸逐渐减小，能量耗散趋于零，这是由局部本构材料描述引起的，在这类方法中某点的应力只依赖此点状态变量。通过引入空间平均，可以在一定程度上解决上面的问题。

3) 断裂带模型

为解决弥散裂纹模型的上述问题，Bazant 和 Oh 于 1983 年提出了断裂带模型（图 1-5）。这种方法利用了有限元法固有的空间平均，通过弱化弥散裂纹带内单元的弹性模量来模拟结构的断裂行为，通过下式来修正基于单元尺寸 L 的软化模量：

$$\frac{1}{E_t}=\frac{1}{E}\left(1-\frac{2l_{ch}^H}{L}\right) \tag{1-25}$$

式中，l_{ch}^H 为 Hillerborg 提出的特征长度：

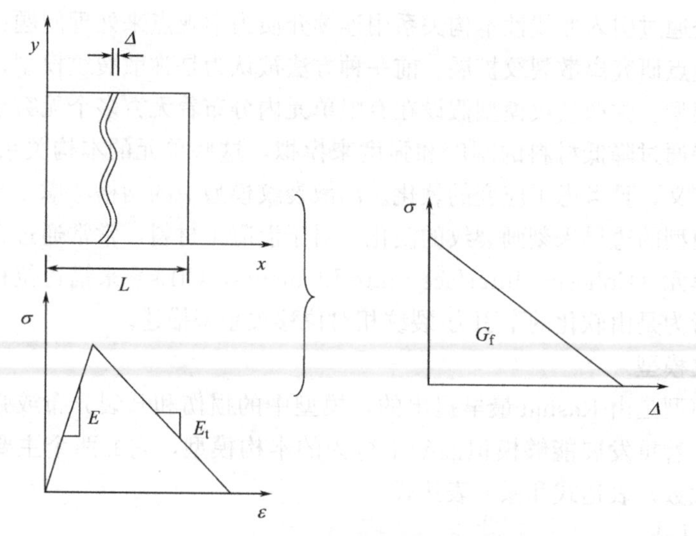

图 1-5 断裂带模型

L—单元尺寸；G_f—断裂能；E—弹性模量

$$l_{ch}^{H}=\frac{EG_{\mathrm{f}}}{f_{\mathrm{t}}^{\prime 2}} \tag{1-26}$$

式中，E 为弹性模量；G_{f} 为断裂能，f_{t}' 为材料抗拉强度，可通过试验测得。从式（1-26）可知，较大的有限单元尺寸会导致过高估计的荷载峰值；同时此模型要求单元尺寸不小于材料的特征长度，然而，为了精确地模拟裂纹附近的位移场，又需要在此区域细化网格，这两者之间相互矛盾。此外，非局部本构理论也被引入来解决局部本构模型出现的网格敏感性问题。

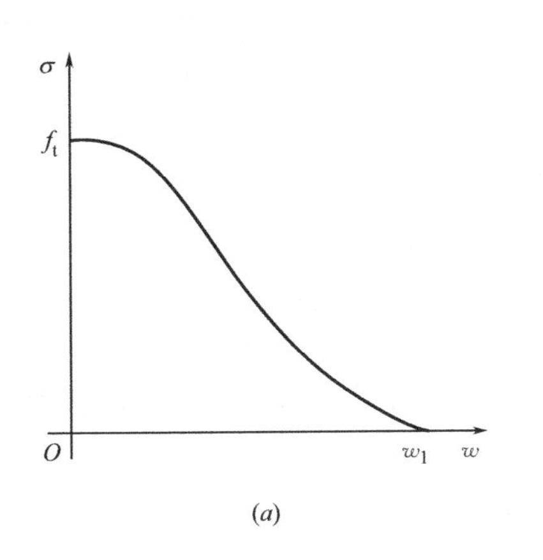

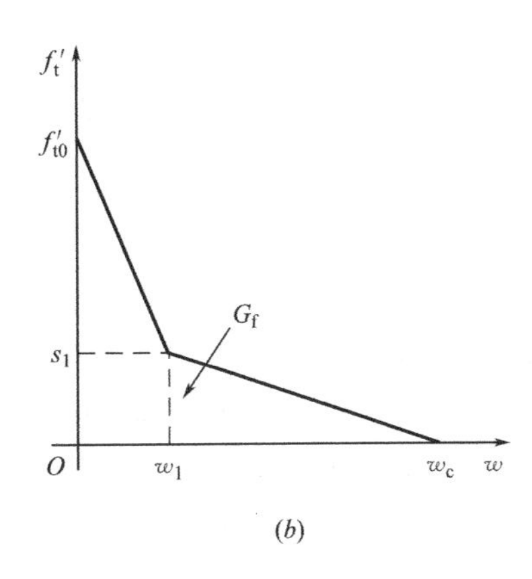

图 1-6 黏聚力函数模型

（a）Hillberborg 黏聚力分布假定；（b）Petersson 双线性模型

G_{f}—断裂能；f_{t}—抗拉强度；w—裂纹张开位移

2. 离散裂纹模型

离散裂纹模型的最初思想是 Dugdale 和 Barenblatt 首先提出的。在此基础上，Hillerborg 等于 1976 年提出了模拟混凝土开裂的著名模型——虚拟裂纹模型（Fictitious Crack Model），此模型考虑在裂尖附近存在黏聚力，并考虑了混凝土应变软化的属性。在 Hillerborg 模型中，真正裂纹尖端前缘的断裂过程区被等效为虚拟裂纹（图 1-4），其上的黏聚力 $\sigma(w)$ 是裂纹张开位移 w 的函数（图 1-6a），与材料的软化曲线类似，在真正裂纹尖端处 $w=w_1$，$\sigma(w_1)=0$。混凝土断裂能 G_{f} 和抗拉强度 f_{t} 都是 Hillerborg 模型的主要参数，如图 1-6a 所示，黏聚力与裂纹张开位移关系曲线以下的面积定义为断裂能 G_{f}，相当于裂纹形成和扩展过程中的能量耗散，可通过试验测得，常用的有直接拉伸、三点弯梁及紧凑拉伸试件等方法，其中三点弯梁试件被国际材料和结构试验室联合会规定为测定混凝土断裂能的标准方法。如图 1-6b 所示的是被很多学者所推荐的黏聚力双线性函数模型——Petersson 模型，它是在 Hillberborg 模型的基础上改进而来的。Brühwiler 和 Wittmann 发现：对于最大骨料尺寸为 25mm 的混凝土，图中曲线转折点处的最佳应力和裂纹张开位移值是 $s_1=0.4f_{\mathrm{t}}'$，$w_1=0.8G_{\mathrm{f}}/f_{\mathrm{t}}'$；对于结构混凝土 $s_1=f_{\mathrm{t}}'/4$，$w_1=0.75G_{\mathrm{f}}/f_{\mathrm{t}}'$。

在有限元模型中引入新的裂纹面是离散裂纹模型模拟裂纹形成和扩展的难点，主要通过网格重剖分和单元增强方法来实现。Saouma 和 Ingraffea 首先将网格重剖分方法引入到 LEFM 中。在这种方法中，对于每一个裂纹增量扩展步，有限元离散网格通过“删除-再建”过程进行修正。这种方法的主要缺点是新生成单元的形状可能会出现扭曲。

Ingraffea、Gerstle 和 Xie 将这种方法发展到非线性的复合型裂纹扩展。Lotfi 提出了单元增强方法，利用不连续函数来描述开裂单元的位移场，但是该方法会出现应力锁死现象。离散裂纹模型的裂纹扩展方向仍使用 LEFM 准则，最大周向拉应力准则甚至被用在 NFM 中。

1.4 模拟裂纹扩展的数值计算方法

对裂纹扩展过程的模拟一直是断裂力学的一个难点，随着计算机的发展，数值方法成为解决这类问题的可靠手段。数值方法的优点是可用有限的自由度来模拟连续介质的无限自由度问题，通过求解相对简单的代数方程来代替对复杂的微积分方程的求解。根据试函数（Trial functions）构造的不同可将数值方法分为两类：网格类方法和无网格类方法。要模拟裂纹的扩展过程，首先要对裂纹进行描述，离散裂纹模型和弥散裂纹模型是其中最常使用的模型。当离散裂纹模型被使用时，还常涉及网格重剖分过程，例如，使用 FEM 进行裂纹扩展模拟时，比较常用的重剖分方法一般分为两类：一种被称为“Remove-rebuild”算法；另一种算法被称为“Insert-separate”。在网格重剖分之后，原网格中结构的状态变量需要尽可能准确地映射到新的网格中，作为下一个荷载步所使用的初值。使用最广的映射方法有逆等参映射法和直接差值法。为了精确地模拟裂纹尖端的奇异性，常常需要在裂纹尖端的周围加密网格，增加了变量映射的工作量。而无网格类的方法［例如无网格迦辽金法（EFGM）或者扩展有限元法（XFEM）］通过引入富集函数和水平集函数来描述裂纹的扩展，而不需要进行网格重剖分。

1.4.1 有限元法（FEM）

FEM 在连续介质力学领域已取得了空前的成功，在模拟具有复杂几何形状、不同的边界和荷载条件及复杂的裂纹模式的结构具有很高的普遍性和适用性，由此使之成为模拟裂纹扩展最主要的数值方法。Ngo 和 Scordelis 于 1967 年开创了传统有限元在裂纹扩展模拟中的应用，他们的研究对象为钢筋混凝土梁。FEM 能够容易地将软化的材料本构关系整合到 NFM-based 的模型［例如黏聚裂纹模型（CCM），Cohesive Crack Model］中，使之能够精确模拟裂纹尖端前缘 FPZ 的能量耗散。黏聚裂纹模型被很多研究者用于对普通尺寸混凝土结构的断裂分析，其中黏聚裂纹可由界面单元用相对少的自由度有效地模拟。

另外，FEM 还被成功地用于预测动态裂纹扩展和裂纹闭合。基于 FEM 的节点释放技术是最早用于预测裂纹扩展的方法。但是，这种方法因为不能在裂尖周围引进奇异单元，所以常常产生不准确的结果，此外，该方法还有需要预知裂纹路径、裂纹每次扩展一个单元长度等要求，故该方法不适合模拟动态裂纹扩展。Nishioka 和 Atluri 通过移动奇异单元的方法来进行动态裂纹扩展分析。基于混合的欧拉-拉格朗日运动描述［Eulerian-Lagrangian kinematics description（ELD）］的移动网格法，通过域映射的连续变化能够模拟平滑的裂尖移动。网格重划分方法能够模拟几何和荷载条件都是非对称的裂纹扩展问题。Wawrzynek 和 Ingraffea 用局部重剖分方法研究 LEFM 条件下疲劳裂纹的扩展。Zhang 等人基于双 K 断裂理论建立了诱发缝的等效强度计算模型。Shahani 和 Amini Fasakhodi 研究了矩形双悬臂梁（Rectangular Double Cantilever Beam，RDCB）试件的Ⅰ型动态裂纹扩展和闭合现象。尽管如此，状态变量必须从旧网格传递到新网格。

FEM在模拟裂纹扩展时也存在一些不容忽视的问题，首先，为了能够预测裂纹的扩展方向和时间，通常需要在裂纹尖端周围加密网格来模拟应力场的奇异性以获得精确的应力强度因子。例如，Gerstle和Abdalla的研究表明使用位移相关法求解近场应力时，每个裂纹尖端需要300个自由度来达到5%的精度，对于多裂纹问题，由此带来的额外自由度数量很大，严重影响计算效率。为此，许多补救方法被提出，例如四分之一点单元，形函数随裂尖渐进展开的单元，富集单元（Enriched Elements），混合裂纹单元（Hybrid Crack Elements，HCE）等，但是，这些补救方法通常仍然需要裂纹尖端的细网格或是对裂纹尖端网格的单元类型和形函数强加特殊要求，结果使得FEM中的重剖分过程常常变得很复杂。此外，计算结果和裂纹尖端的单元尺寸有关，即使是使用三角形奇异单元也无法改善。能量基的方法（特别是VCE技术）能够用相对较粗的裂尖网格获得精确的应力强度因子，但是，Yang等证明对于粗网格，该类方法计算应力强度因子的精度也依赖裂纹尖端单元的尺寸。

FEM面临的另一个难题是通过分离裂纹路径上的节点来模拟裂纹扩展。为了获得平滑和真实的裂纹轨迹，需要一个能适应裂纹扩展的重剖分技术，然而，它的实现过程通常是复杂的。在“remove-rebuild”算法中，新的裂纹尖端通过在扩展方向上扩展给定的裂纹扩展增量步长来决定，在新的裂纹尖端周围一定区域内的原网格被完全删除，随后，需要一个复杂的过程来形成新的裂纹，并在原来区域再生网格。在“insert-separate”算法中，从旧裂纹尖端开始沿着扩展方向的新边界首先插入局部网格中，新边界与原网格交点中的一个成为新的裂纹尖端，再通过分离新旧裂纹尖端连线上交点来形成新的裂纹。和“remove-rebuild”算法不同，这种算法既不需要完全删除裂纹尖端周围的网格，也不需要重建新的网格，影响的单元很少，所以该算法非常简单。

1.4.2 边界元法（BEM）

边界元法是继有限元之后最重要的数值计算方法之一。和FEM相比，BEM最吸引人的特点归功于仅在边界进行离散，降低了问题的空间维数；引入问题的基本解，具有半解析性质。BEM的基本理论就是积分方程的理论，可以追溯到Fredholm的工作。计算机的出现使数值求解积分方程成为可能。它早期被称为边界积分法（Boundary Integral Equation Method，BIEM），Rizzo于1967年对于经典弹性问题正式提出了离散的边界积分方程方法。

Ingraffea等第一次试图模拟二维复合裂纹的扩展问题，他们结合多区域方法和最大周向拉应力准则来计算裂纹扩展方向。Grestle将多区域方法拓展到三维问题。Doblare等结合多区域方法和四分之一点单元模拟正交各向异性材料裂纹扩展过程。Gallego和Dominguez将多区域方法用于动态裂纹扩展的模拟。该方法还被Cen和Maier用于模拟混凝土结构的裂纹扩展，黏聚裂纹模型被引入模拟混凝土的断裂过程区。多区域方法的困难在于人工边界的引入（用于划分计算域）不是唯一的，因此不容易在自动扩展过程中实施，在每个增量扩展步，这些人工边界必须被多次引入。Portela等将双重边界元（Dual Boundary Element Method，DBEM）对2D和3D线弹性断裂力学中的混合型裂纹扩展进行分析。在Portela的分析中，对于裂纹扩展每个增量步，DBEM被用来完成简单的域应力分析。当用新的不连续单元来模拟裂纹扩展时，不需要对已经存在的边界重剖分，这是DBEM的本质特征。对于各向异性材料，Sollero和Aliabadi应用该方法研究了复合层压板的复合型裂纹扩展。Latif和Aliabadi使用非线性黏聚裂纹模型结合DBEM模拟了素混凝土和钢筋混凝土结构的开裂。

在国内，杜庆华等较早就对BEM的理论和应用进行了研究。由于BEM的基本解能够自动满足远场的辐射条件，所以BEM是处理坝体-地基相互作用十分有效的方法。张楚汉和金峰成功地应用有限元-边界元-无穷边界元（FE-BE-IBE）时域耦合模型分析了时域内三维拱坝-地基的动力相互作用。徐艳杰等则应用该模型分析了拱坝横缝的非线性影响。柯建仲等使用BEM和最大围压断裂准则模拟了各向异性材料的裂纹扩展。但是，BEM需要基本解，对于复杂的工程结构来说是很难得到的甚至是几乎不可能的，因此限制了BEM的应用。

1.4.3 无网格法（Meshless/Meshfree Method）

无网格法不需要依赖节点之间固定的拓扑连接，在大变形、断裂、破碎等问题上比有限单元类方法更加灵活。无网格法因为不需要网格重剖分且可以在域内增加“节点”，很容易进行自适应网格加密，所以在裂纹扩展问题上具有天然的优越性。相当多的研究致力于解决无网格法面临的内在困难，像相容性、稳定性和Dirichlet边界条件等。

对无网格法的研究最早可追溯到20世纪70年代，Lucy在模拟天体物理学现象时引入了光滑粒子动力学法（Smooth Particle Hydrodynamics，SPH）。Libersky和Petschek拓展该方法用于求解固体力学问题。随后，Swegle等发现了存在SPH中的张力不稳定现象，而Attaway等通过接触算法将SPH耦合到有限元中。王吉将发展的耦合方法和搜索方法用于对冲击动力学问题的模拟。

Nayroles等提出了无网格法的主要分支——扩散单元法（Diffuse Element Method，DEM），在该方法中，他们利用基函数和权函数来构造不依赖网格的局部近似函数。Belytschko等发现这种近似事实上是移动最小二乘（Moving Least Squares，MLS）近似，这些MLS近似代替通常的有限元差值来作为Galerkin构想的试函数，由此提出了类似的方法——无单元伽辽金（Element-free Galerkin，EFG）方法，已被广泛用于断裂问题和裂纹扩展问题中。Liu等引入校正函数来提高SPH插值一致性，并建立了一种无网格法——重构核粒子法（Reproducing Kernel Particle Method，RKPM）。Belytschko等发现卷积积分场近似的离散形式和MLS中的完全相同。周金雄提出了显式3D-RKPM的一种改进算法。Ventura等在EFG框架下用在近似函数中加入阶跃函数来表征裂纹的不连续，并基于向量水平集方法来跟踪裂纹。

基于单位分解的无网格法包括HP-云团法（HP-Coulds，HPC）和单位分解有限元法（Partition of Unity Finite Element Method，PUFEM）。HPC基于单位分解（PU）概念，提高了近似函数重构任意阶多项式的能力。Liszka等在此基础上使用配点法推导离散方程，提出了HP-无网格云团法。Oden等将有限单元的形函数作为单位分解函数，提出了HPFEM。Melenk和Babuska对单位分解概念进行了扩展，并正式地提出了单位分解法（PUM）。其他的无网格法还包括粒子网格法（Particle in Cell Method，PICM）、广义有限差分法（Generalized Finite Difference Method，GFDM）和有限点法（Finite Point Method，FPM）等。

在我国，寇晓东和周维垣应用无单元法分别研究了轴拉、侧拉作用下平板的裂纹扩展问题。栾茂田等基于EFG和有限覆盖技术提出了有限覆盖无单元法，基于该方法利用围线积分对三点弯曲梁试件的应力强度因子进行了分析。黄岩松等基于三维EFG方法来模拟立方体内半币形表面裂纹的扩展，其中利用单点位移公式来计算应力强度因子。蔡永昌和朱和华提出了无网格Shepard-最小二乘方法（Meshless Shepard and Least Squaremethod，MSLS），该方法克服了EFG等方法所面临的困难。

1.4.4 扩展有限元（XFEM）

XFEM由Belytschko和Balck于1999年首次提出，他们在FEM框架内将裂纹尖端渐进位移场作为富集函数，用极少的网格重剖分求解裂纹扩展问题，它是基于标准Galerkin方法并利用单位分解的思想来适应离散模型的内部边界。Moes等又进一步将Heavside函数等不连续函数作为富集项引入，使XFEM可以不通过网格边界显示表达就可以处理任意裂纹、空洞等几何不连续界面，同时只通过引入水平集函数就可以准确追踪裂纹扩展，不再需要网格重剖分。这些特点使XFEM得到很广泛的应用。

Daux等将XFEM应用到空洞和复杂的几何图形（多分支裂纹）等问题中，促进了裂纹和空洞之间的相互作用的精确描述。Budyn等基于XFEM采用裂纹长度控制法分析了线弹性体的多裂纹扩展。Mariano和Stazi结合XFEM和微观裂纹体多场耦合模型分析宏观裂纹和微观裂纹之间的相互作用。Wells和Sluys结合XFEM和内聚力模型研究混凝土材料的断裂，获得了和试验结果符合很好的复合型裂纹预测。Moes和Belyschco拓展XFEM模拟考虑裂纹面内聚力关系的裂纹扩展。Zi和Belyschco用高阶富集项来刻画裂纹。Mariani和Perego提出了模拟准脆性材料准静态黏聚裂纹二维扩展的数值方法。Xiao等提出了增量割线模量迭代方法。Meschke和Dumstor提出了XFEM的变分格式。对于裂纹面有接触摩擦的裂纹扩展问题，Dolbow等提出了一种新技术，并对三种不同界面本构关系下的2D裂纹扩展问题进行研究。Borja阐述了摩擦裂纹扩展模拟中的假设增强应变和XFEM的概念。Liu和Borja提出了XFEM模拟摩擦裂纹扩展的接触新算法。

Belytschko等提出了全新的富集技术来避免经典XFEM在时域问题中遭遇的困难。Réthoré等提出了XFEM分析动态裂纹扩展的节能方法。Song和Belytschko利用裂开节点的方法分析动态断裂问题。方修君基于XFEM黏聚裂纹模型对重力坝强震开裂过程进行了模拟。霍中艳等基于LEFM分析了不同裂纹深度和高度的裂纹扩展路径。另外，这种方法还被用在流体力学、材料科学等领域。

1.4.5 比例边界有限元（SBFEM）

SBFEM能够半解析地求解应力强度因子，这一明显优于其他的数值方法的特点，已被用于对断裂问题的研究；另外，它在求解无限域时能够自动满足远场辐射条件，阎俊义和杜建国据此特点研究了大坝-库水-地基系统的动力相互作用。由于SBFEM是本书研究的基础，所以本书将在第二章对SBFEM的研究进展和基本理论进行介绍，并给出

SBFEM控制方程的推导过程和求解方法。

1.5 本书主要研究内容

综上所述，裂纹的存在和扩展对大坝等混凝土结构的安全造成严重的影响，而该问题的研究仍旧是计算力学中的一个热点更是一个难点。比例边界有限元法（SBFEM）是最近发展起来的一种全新的半解析的数值方法，它不但保留了传统有限元法和边界元法的优点，而且还具有自己独特的优点，特别是能够半解析地求解应力强度因子的特点，是研究断裂问题的“利器”；另外，它在求解无限域时能够自动满足远场辐射条件，所以SBFEM特别适合于解决含有无限域和应力奇异性的工程难题。本书的主要研究工作就利用SBFEM的这些特点和优势解决工程难题，拓宽它的应用领域。主要内容如下：

（1）利用Griffith裂纹模型中应力场、位移场的解析表达式，按Rice提出的J积分的求解公式，推导了任意角度复合型裂纹的J积分与应力强度因子K的关系；并用比例边界有限元法与有限元法对得到的关系进行了验证；最后将它们的关系用于求解线弹性材料任意角度裂纹的能量释放率。分析了单元尺寸等因素对J积分计算的影响，结果表明用比例边界有限元法求解J积分既方便、省时而且精度高。

（2）提出了比例边界有限元超单元重剖分技术。这种模拟裂纹扩展的新方法只需要将裂纹经过的超单元一分为二，并在新形成的裂纹面上生成新的节点，而这些新生成的超单元可以是满足可视条件的任意尺寸和形状的多边形。为了得到精确的应力强度因子，需要在裂尖可能到达超单元进行网格加密。结果表明这种比例边界有限元超单元重剖分技术能够精确地描述裂纹轨迹。

（3）基于比例边界有限元超单元重剖分技术和线性叠加假设，用黏聚裂纹模型来模拟混凝土梁的Ⅰ型和Ⅰ/Ⅱ复合型裂纹扩展。在断裂过程区，不需要耦合CIEs，将虚拟裂纹面的黏聚力视为解析表达的Side-face力，由它引起的位移场是比例边界有限元法非齐次控制方程的特解。根据线性叠加假设，混凝土结构非线性断裂扩展问题被近似地简化为线弹性问题的求解。数值算例验证了此方法的精度和有效性。

（4）提出了基于网格重剖分技术的映射技术，将比例边界有限元超单元重剖分技术用于有限尺寸矩形板中心裂纹动态扩展问题的模拟。这种网格映射技术能够很好地求解超单元重剖分过程中新生成节点的位移等动力参数。结果说明这种方法能够精确和有效地对动态裂纹的扩展问题进行模拟。

（5）研究了大坝-地基系统在地震作用下坝体的动态断裂分析。用非光滑方程组方法来求解裂纹面的动摩擦接触问题，解决了地震响应过程中裂纹面相互嵌入的问题。利用比例边界有限元法在模拟无限介质方面仅需离散边界且自动满足无穷远波动传播条件的优势进行大坝-地基动力相互作用时域分析。讨论了裂纹的存在对应力分布及初始裂纹长对起裂时间和裂纹扩展长度的影响。本书的计算结果可为重力坝抗震安全性评价提供参考。

2 比例边界有限元法及其在断裂力学和结构-地基动力相互作用问题中的应用

2.1 引言

SBFEM是最近发展起来的一种全新的数值方法，自诞生以来由于其半解析的特性，该数值方法在很多领域都取得了很大的发展，特别是在有限域的应力奇异性问题和无限域的动力模拟问题的求解中，发挥了其突出的优点。本章主要围绕以上两个方面介绍SBFEM数值方法。

本章首先介绍SBFEM研究进展概况，接下来简单介绍SBFEM基本概念，最后介绍基于坐标变换和加权余量法SBFEM基本方程的推导及其求解过程。

2.2 SBFEM研究进展概述

SBFEM的诞生源于有限元法对无限域波动问题的研究。为了求解无限地基的动力刚度，1982年Dasgupta基于相似性原理，在推导过程中提出了单细胞克隆算法。单细胞克隆算法对于一维问题和水平层状地基计算精度很好，但是对于嵌入式地基的模拟效果不是很好。为了能够处理嵌入式地基，Wolf和Weber提出了广义克隆算法，这种算法需要数值求解一阶二次偏微分方程，而其积分初值必须通过其他途径获得，因此该方法的实用性受到了限制。后来，Wolf和Song完善和发展了这种基于有限元法和相似性原理的算法，提出了预报算法、多细胞克隆算法和一致无穷小有限单元体算法等。Song和Wolf基于比例边界坐标变换和Galerkin加权余量法重新推导了弹性动力学的基本方程，无穷小有限单元体算法最终被命名为比例边界有限元法。

此后，SBFEM在理论和应用方面的研究都取得了很大的进展。对于弹性静力学问题，Deeks和Wolf在边界上直接应用虚功原理重新推导了SBFEM方程，并对存在面力和体力的非齐次微分方程，给出了解答。Deeks和Wolf还对二维无限域静力问题进行了研究，提出了自适应算法。对于用特征值分解法求解静力问题出现多重特征值的情形，Song提出了矩阵函数解法。Vu和Deeks用构造的高阶形函数来改进SBFEM。随后Song基于此提出了缩减基函数法来提高SBFEM求解静力问题的效率和计算动力无限域的效率。SBFEM自提出至今，已被成功地应用在坝-库水-地基相互作用问题，波浪-浮体相互作用问题，水下结构受冲击波影响问题，岩石力学，声学，电磁学，水力学。在国内，清华大学、河海大学及大连理工大学等高校对SBFEM的理论发展和应用推广方面也做出了很大的贡献。

在无限域研究方面，由于SBFEM是在研究无限域弹性动力问题的过程中发展起来的方法，它的解对无穷远处的 Sommerfield 条件能够自动满足，只需要在无限地基和广义结构交界面上进行离散，就能够反映无限地基辐射阻尼的效应，因此，可以方便、准确地求解无限动刚度及加速度单位脉冲函数。在频域动刚度的求解方面，Song 和 Bazyar 提出了无限域频域的动力刚度矩阵的 Pade 逼近方法。Bazyar 和 Song 提出了无限域动力刚度矩阵的连分式解，随着连分式序列的增加，其解在整个频段能够快速收敛。Prempramote 等则提出了无限域动刚度的双向渐近连分式解。在结构-地基动力相互作用的时域计算方面，Zhang 和 Wegner 等通过对加速度脉冲矩阵在时间和空间上的近似，减少了计算量。Yan 等利用 FEM 和 SBFEM 耦合的方法分析了土-结构动力相互作用，他们将加速度单位脉冲函数矩阵转化为与时间无关的一组矩阵的线性关系，并采用截断时间序列方法来降低卷积积分的计算量。Genes 和 Kocak 提出了 FE-BE-SBFEM 耦合的方法，实现层状地基和结构之间动力相互作用的求解，广义结构（结构和近场地基）则用有限元模拟，而广义结构两侧的无限地基则用 SBFEM 来模拟。Radmanovic 和 Ritz 通过引入外插参数保证求解稳定性，同时利用基于分步积分的新的递推积分算法大大提高了相互作用力卷积计算的效率。杜建国利用缩减基函数法和子结构法改进了结构-地基相互作用的时域求解算法。张勇将新提出的比例边界等几何分析方法用于大坝-地基-库水系统的动力相互作用计算。

SBFEM 能够精确地模拟裂纹尖端的应力奇异性，在应力奇异问题的求解方面具有独特的优势，不需要在裂纹尖端附近进行网格加密，也不需要特殊的奇异单元就可以精确地获得应力强度因子。Chidgzey 和 Deeks 用 SBFEM 轻松地获得了线弹性裂纹尖端渐进场 Williams expansion 的高阶系数 T-stress。Song 利用矩阵函数方法，不需要靠近奇异点就获得了奇异函数解析表达式的几乎所有的奇异阶数。Song 等提出了动态刚度阵的连分式解，并将其用于计算裂纹的动态应力强度因子和 T-stress，这种方法不需要内部网格离散就能模拟高频的惯性影响。Song 等基于 SBFEM 定义计算了广义应力强度因子，统一了传统的应力强度因子概念，并将其应用于多种材料结构应力强度因子的计算，拓宽了 SBFEM 在断裂力学领域的发展。Li 等用 SBFEM 研究了压电材料的断裂力学问题。He 等发展了一种比例边界无网格法用于计算裂纹尖端渐进应力场的系数。朱朝磊等将 SBFEM 用于 J 积分的计算。Yang 等基于简单重剖分技术将其扩展用于模拟二维静力裂纹扩展问题，而 Lin 等将这种方法扩展到动态裂纹扩展的模拟中。Zhu 等提出了基于 SBFEM 超单元重剖分技术，并利用线性渐进叠加假设模拟混凝土梁Ⅰ型和Ⅰ/Ⅱ复合型裂纹的扩展。Song 提出将超单元用于二维均值材料及两种材料交界面动力应力强度因子的时域求解。Yang 等将其推广到频域的求解。Ooi 和 Yang 将改进的简单重剖分技术用于Ⅰ型和复合型动态裂纹扩展。在工程应用方面，施明光等基于多边形 SBFEM 对重力坝静态裂纹扩展进行了研究。刘钧玉等基于 SBFEM 研究了裂纹内水压分布对重力坝断裂特性的影响。

2.3 SBFEM 基本理论

SBFEM 是在结构-地基动力相互作用问题求解过程中逐渐形成的一种全新的数值方法。SBFEM 最早解决的问题就是求解半无限域的动力刚度 $[S(\omega)]$，这是求解结构-地基动力相互作用问题的关键。随着 SBFEM 研究的逐渐深入和完善，目前可由以下三种理论推导方式得到 SBFEM 的基本控制方程：基于相似性原理的力学推导；基于坐标变换的有限元推导，这其中又分为加权余量法和虚功原理方法。其中有限元推导的加权余量法和虚功原理方法都是基于相同的坐标变换。下面以 SBFEM 在无限域和有限域问题中的应用为例分别对 SBFEM 基本概念、坐标变换及 SBFEM 控制方程的推导和求解做一概述。

2.3.1 SBFEM 基本概念

对于 SBFEM 基本概念和坐标变换，Wolf 和 Song 早已做了详细地论述，本书只做简单介绍。为了便于介绍 SBFEM 的基本概念，我们引入一个三维区域 V 作为研究对象，对于有限域问题而言，其截面如图 2-1 所示。如图 2-1（a）所示，相似中心 O 选在域内，满足对整个边界都可视。对于复杂结构，可以通过将整个区域细分为子域（超单元）来实现。如图 2-2 所示，仅仅将边界 S 用双曲面有限单元 S^e 离散，两个双曲面坐标 η、ζ 被定义为比例边界环向局部坐标，比例边界径向局部坐标 ξ 从相似中心 O（$\xi=0$）指向边界 S（$\xi=1$）上任意一点，其方向垂直于环向局部坐标。正如前面提到的那样，无量纲径向坐标 ξ 可视为一个比例因子，$\xi=0$ 对应相似中心，$\xi=1$ 对应边界上面单元，对应常数 $\xi<1$ 的曲面与边界上曲面单元相似。连接比例边界有限单元 S^e 边界（$\eta=\pm1$ 或 $\zeta=\pm1$）和相

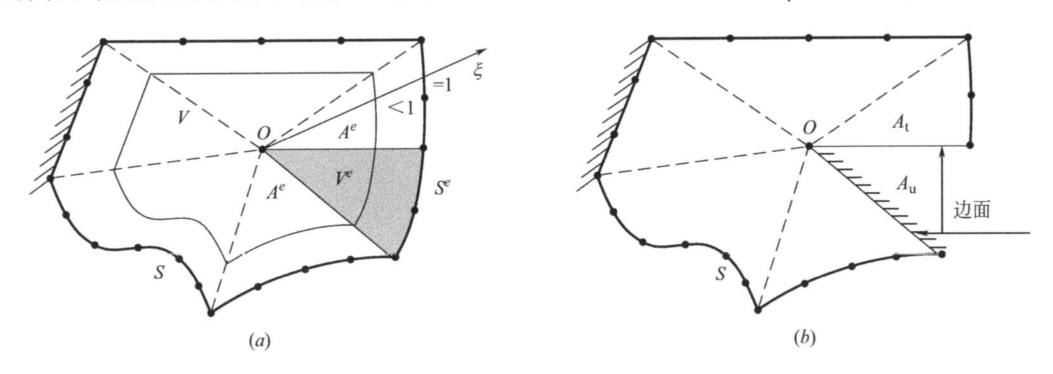

图 2-1 三维有限区域截面图

（a）相似中心在域内；（b）相似中心在边界上

V^e—锥体；S^e—表面；A^e—侧面

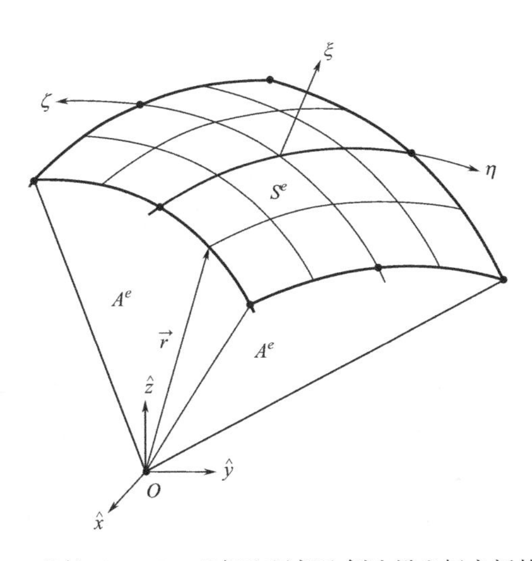

图 2-2 整体 Cartesian 坐标和局部比例边界坐标之间的转换

似中心的直线形成侧面 A^e，由侧面 A^e、表面 S^e 和顶点（相似中心 O）构成一个锥体 V^e，锥体 V^e 的几何形状可由比例边界坐标 ξ、η 和 ζ 决定，其中 $0 \leqslant \xi \leqslant 1$。当相似中心位置确定时，整体 Cartesian 坐标 $\hat{x}$、$\hat{y}$、$\hat{z}$ 与无量纲坐标 ξ、η、ζ 的转换关系则是唯一的。这种由比例系数和曲面单元局部坐标定义的转换关系称为比例边界转化。

根据锥体之间相邻侧面上力的平衡条件和位移协调关系，将所有锥体组装在一起形成整个有限域 V 和一个闭合的边界 S。如图 2-1（*b*）所示，如果在组装过程中，缺失一些锥体或是锥体的一些侧面没有被连接到，就会额外地增加一个经过相似中心的边界即侧面 A（位移边界用 A_u 表示，表面应力边界用 A_t）。从图 2-1（*b*）中可以看出侧面 A_u 和 A_t 是由边界上曲面单元的边缘比例缩小得到的，因此不需要有限元离散。为了区分“边界”这个词，将需要离散的边界称为“交界面”。这样整个边界就被分为两部分：经过相似中心侧面 A 和交界面 S。当相似中心放在裂纹尖端时，锥体间相邻而又没有连接的面形成裂纹面，裂纹面不需要进行有限元离散，这样可以将其扩展用于半解析求解断裂问题。

对于如图 2-3（*a*）所示的无限域问题，同样的概念也是适用的。所不同的是：相似中心选在无限域外，这样才可视整条边界；径向坐标的取值范围变为 $1 \leqslant \xi \leqslant \infty$。$\xi = 1$ 仍代表无限域的边界，需要有限元离散。如图 2-3（*b*）所示，当无限域侧面 A 延伸经过相似中心时，则它们不需要离散。

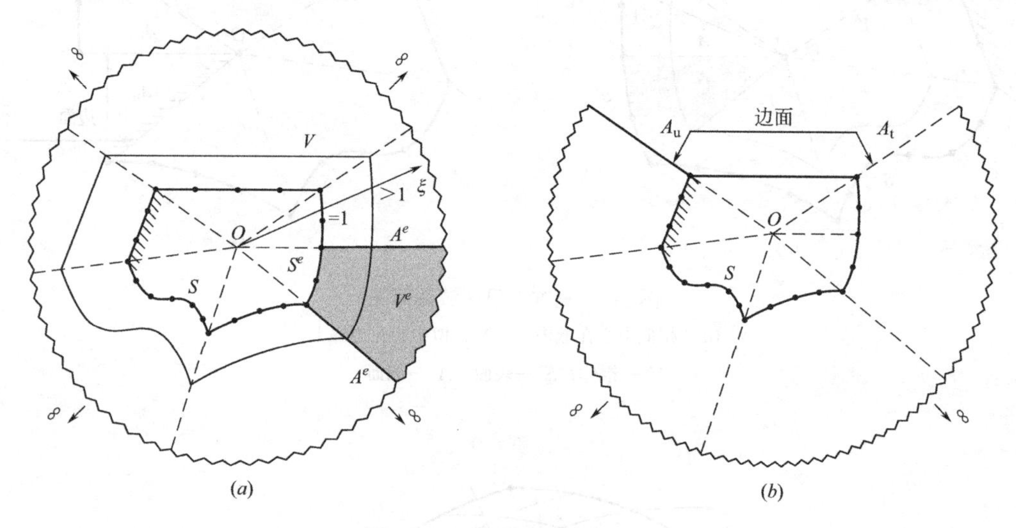

图 2-3　三维无限区域截面图

（*a*）相似中心在域内；（*b*）相似中心在边界延长线上

V^e—锥体；S^e—表面；A^e—侧面

2.3.2　比例坐标变换

我们在 2.3.1 节基于三维有限域和无限域简单介绍了 SBFEM 基本概念和比例边界。对于如图 2-4（*a*）所示二维有限域问题，我们对研究区域的边界 S 用 3 节点曲线单元来离散。在点 O（$\hat{x}_0$，$\hat{y}_0$）建立 ξ，η 局部比例边界坐标系，相似中心置于 O（$\hat{x}_0$，$\hat{y}_0$）点。我们将离散后的研究区域称为超单元（图 2-4*a*）。如图 2-4（*b*）所示的是 3 节点曲线单元对应的母单元（3 节点等参元），节点 3 被置于中间，节点 1 和节点 2 的放置沿着单元局部

坐标 η 的正向与相似中心 O 成右手系即从节点 1 移动到节点 2，O 始终在它们的左侧。3 节点线单元的形函数用 $[N(\eta)]$ 表示，于是可得到其上任意一点相对 O 的坐标 (x, y) 为：

$$x(\eta)=[N(\eta)]\{x\} \tag{2-1}$$

$$y(\eta)=[N(\eta)]\{y\} \tag{2-2}$$

式中，形函数 $[N(\eta)]=[N_1(\eta), N_2(\eta), N_3(\eta)]$，$\{x\}$，$\{y\}$ 为 3 个节点相对于相似中心 O 的坐标。

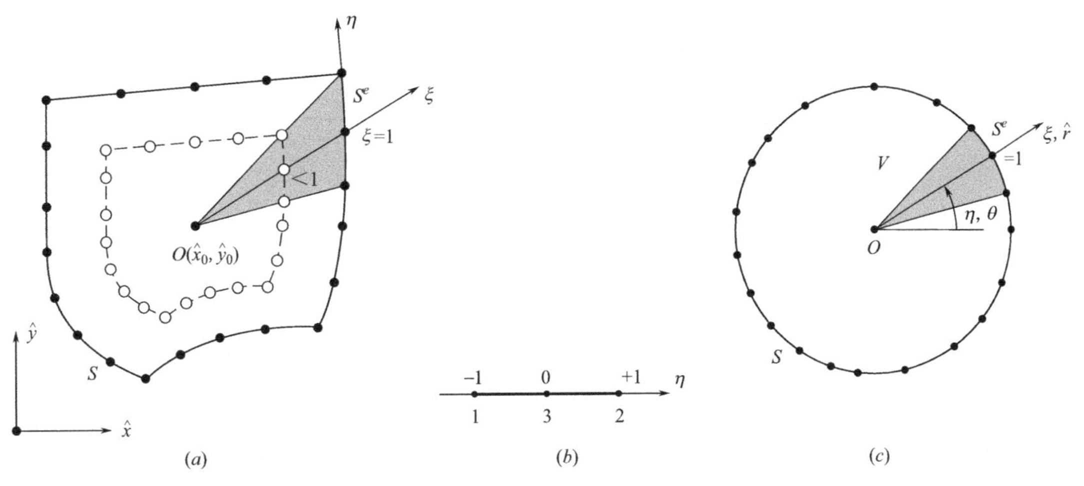

图 2-4　二维有限域超单元离散

（a）超单元网格离散；（b）三节点线单元；（c）比例坐标系与极坐标系

如图 2-4（a）所示的楔形阴影区域可以通过用 ξ 值（从相似中心 O 到边界上一点的局部径向坐标）缩放边界单元 S^e 来获得，同样的，我们可以通过缩放整个边界得到超单元的几何形状。$\xi=0$ 表示相似中心 O，而 $\xi=1$ 代表超单元的边界。超单元内任意一点的整体坐标 $(\hat{x}, \hat{y})$ 可用 ξ 和 η 表达：

$$\hat{x}(\xi, \eta)=\hat{x}_0+\xi x(\eta)=\hat{x}_0+\xi[N(\eta)]\{x\} \tag{2-3}$$

$$\hat{y}(\xi, \eta)=\hat{y}_0+\xi x(\eta)=\hat{y}_0+\xi[N(\eta)]\{y\} \tag{2-4}$$

式中，ξ，η 是局部比例边界坐标，从 $\hat{x}$，$\hat{y}$ 到 ξ，η 的改变成为比例坐标变换。

二维的比例边界坐标类似于极坐标。如图 2-4（c）所示超单元，当极坐标的原点与相似中心一致时［这时，式（2-3）和式（2-4）中 $\hat{x}_0=\hat{y}_0=0$］，于是可以求得超单元内一点的极坐标 $\hat{r}$ 为：

$$\hat{r}(\xi, \eta)=\xi r(\eta) \tag{2-5}$$

式中，$r(\eta)=\sqrt{x^2(\eta)+y^2(\eta)}$ 表示边界上给定单元上一点到极点的距离，即极坐标。角度 θ 只和 η 相关：

$$\theta(\eta)=\arctan\frac{y(\eta)}{x(\eta)} \tag{2-6}$$

2.3.3　弹性动力学控制方程

如果将图 2-1（b）和图 2-3（b）中的三维有限域问题降为二维有限域问题，则原来表

示体的符号 V 用来表示相应的面，A 表示相应的线。通过上面论述可知，它们这时分别可以模拟二维的断裂问题和半无限地基，下面的推导以它们为研究区域。

用 $\{u\}$ 表示域内一点 $(\hat{x}, \hat{y})$ 的位移 $\{u(\hat{x}, \hat{y})\}=[u_x, u_y]^{\mathrm{T}}$，则以位移 $\{u\}$ 表达运动微分方程如下式

$$[L]^{\mathrm{T}}\{\sigma\}-\rho\{\ddot{u}\}+\{p\}=0 \tag{2-7}$$

式中，ρ 为质量密度；$\{p\}$ 为体力；$\{\sigma\}$ 为应力，它与应变 $\{\varepsilon\}$ 的关系可由 Hooke 定律来定义

$$\{\sigma\}=\{\sigma_x \quad \sigma_y \quad \tau_{xy}\}^{\mathrm{T}}=[D]\{\varepsilon\} \tag{2-8}$$

式中，$[D]$ 为弹性矩阵，$\{\varepsilon\}$ 表示应变，它与位移 $\{u\}$ 的关系可用下式来表示

$$\{\varepsilon\}=\{\varepsilon_x \quad \varepsilon_y \quad \gamma_{xy}\}^{\mathrm{T}}=[L]\{u\} \tag{2-9}$$

在式 (2-9) 中，$[L]$ 为微分算子

$$[L]=\begin{bmatrix} \dfrac{\partial}{\partial \hat{x}} & 0 & \dfrac{\partial}{\partial \hat{y}} \\ 0 & \dfrac{\partial}{\partial \hat{y}} & \dfrac{\partial}{\partial \hat{x}} \end{bmatrix}^{\mathrm{T}} \tag{2-10}$$

为了将 $\hat{x}$，$\hat{y}$ 坐标系的微分算子变换到 ξ，η 坐标系中，需要 Jacobian 矩阵 $[\hat{J}(\xi, \eta)]$，联立式 (2-3) 和式 (2-4) 可得

$$[\hat{J}(\xi, \eta)]=\begin{bmatrix} \hat{x}_{,\xi} & \hat{y}_{,\xi} \\ \hat{x}_{,\eta} & \hat{y}_{,\eta} \end{bmatrix}=\begin{bmatrix} x & y \\ \xi x_{,\eta} & \xi y_{,\eta} \end{bmatrix}=\begin{bmatrix} 1 & 0 \\ 0 & \xi \end{bmatrix}[J(\eta)] \tag{2-11}$$

式 (2-11) 中 $[J(\eta)]$ 为边界上 ($\xi=1$) 的点的 Jacobian 矩阵，可以表示为

$$[J(\eta)]=\begin{bmatrix} x & y \\ x_{,\eta} & y_{,\eta} \end{bmatrix} \tag{2-12}$$

为了简明，省略 $[J(\eta)]$ 中的 η 变为 $[J]$。而 $[J]$ 只和边界节点坐标相关，它的行列式为

$$|J|=xy_{,\eta}-yx_{,\eta} \tag{2-13}$$

利用式 (2-11)，相应于 $\hat{x}$，$\hat{y}$ 的导数可转换为对应于 ξ，η 的导数

$$\begin{Bmatrix} \dfrac{\partial}{\partial \hat{x}} \\ \dfrac{\partial}{\partial \hat{y}} \end{Bmatrix}=[\hat{J}(\xi, \eta)]^{-1}\begin{Bmatrix} \dfrac{\partial}{\partial \xi} \\ \dfrac{\partial}{\partial \eta} \end{Bmatrix}=[J]^{-1}\begin{bmatrix} 1 & 0 \\ 0 & \dfrac{1}{\xi} \end{bmatrix}\begin{Bmatrix} \dfrac{\partial}{\partial \xi} \\ \dfrac{\partial}{\partial \eta} \end{Bmatrix} \tag{2-14}$$

式 (2-14) 中 $[J]^{-1}$ 为 $[J]$ 的逆。

将式 (2-14) 代入式 (2-10)，可将微分算子 $[L]$ 表示为 ξ，η 的函数

$$[L]=[b^1]\frac{\partial}{\partial \xi}+\frac{1}{\xi}[b^2]\frac{\partial}{\partial \eta} \tag{2-15}$$

式中

$$[b^1]=\frac{1}{|J|}\begin{bmatrix} y_{,\eta} & 0 \\ 0 & -x_{,\eta} \\ -x_{,\eta} & y_{,\eta} \end{bmatrix} \tag{2-16}$$

$$[b^2]=\frac{1}{|J|}\begin{bmatrix}-y & 0\\0 & x\\x & -y\end{bmatrix} \tag{2-17}$$

从式（2-16）和式（2-17）可见，$[b^1]$ 和 $[b^2]$ 也只和边界节点坐标有关，结合式（2-12）可得以下关系

$$([b^2]|J|)_{,\eta}=-[b^1]|J| \tag{2-18}$$

域内点（$\hat{x}$，$\hat{y}$）可通过它们的位置向量$\vec{r}$ 来表示

$$\vec{r}=\hat{x}\vec{i}+\hat{y}\vec{j} \tag{2-19}$$

点（$\hat{x}$，$\hat{y}$）位置向量关于 η 的导数可由该点两个切向量表示

$$\vec{r}_{,\xi}=\hat{x}_{,\xi}\vec{i}+\hat{y}_{,\xi}\vec{j} \tag{2-20}$$

$$\vec{r}_{,\eta}=\hat{x}_{,\eta}\vec{i}+\hat{y}_{,\eta}\vec{j} \tag{2-21}$$

于是点（$\hat{x}$，$\hat{y}$）处的面积微元可表示为

$$\mathrm{d}V=|\vec{r}_{,\xi}\times\vec{r}_{,\eta}|\,\mathrm{d}\xi\mathrm{d}\eta=\xi|J|\,\mathrm{d}\xi\mathrm{d}\eta \tag{2-22}$$

将式（2-15）的微分算子 $[L]$ 代入平衡方程式（2-7）和式（2-8）可得到

$$[b^1]^{\mathrm{T}}\{\sigma\}_{,\xi}+\frac{1}{\xi}[b^2]^{\mathrm{T}}\{\sigma\}_{,\eta}-\rho\{\ddot{u}\}+\{p\}=0 \tag{2-23}$$

$$\{\sigma\}=[D]\left([b^1]\{u\}_{,\xi}+\frac{1}{\xi}[b^2]\{u\}_{,\eta}\right) \tag{2-24}$$

如图 2-5 所示的研究区域，位移边界条件为

$$\{u\}=\{\overline{u}\} \tag{2-25}$$

而面力边界条件可根据 SBFEM 坐标来定义，对于如图 2-5（a）所示的有限域 $\xi=1$ 边界上的面力为

$$\{t^{\xi}\}=\{n^{\xi}\}^{\mathrm{T}}\{\sigma\}=\frac{|J|}{\|n^{\xi}\|}[b^1]^{\mathrm{T}}\{\sigma\} \tag{2-26}$$

式（2-26）中，$\|n^{\xi}\|$ 为外法线向量 $\{n^{\xi}\}=\{\hat{y}_{,\eta}\quad -\hat{x}_{,\eta}\}^{\mathrm{T}}$ 的模。同理，也可以得到 $\eta=+1$ 和 $\eta=-1$ 所对应边界上的面力，将它们合在一起可以表达为

$$t_n=\{n\}^{\mathrm{T}}\{\sigma\} \tag{2-27}$$

式中，$\{n\}^{\mathrm{T}}=\{n^{\xi}\quad n^{\eta}\}^{\mathrm{T}}$ 为单位法向量，它的正负可由研究区域施加面力所在边的外法线的方向决定。线单元所在边界 $\xi=1$ 对于如图 2-5（a）所示的有限域定义为正；而对于如图 2-5（b）所示的无限域定义为负。而有限域和无限域中 $\eta=+1$ 和 $\eta=-1$ 边界上面力的正负和 η 的符号保持一致。

2.3.4 用加权余量法推导 SBFEM 位移控制方程

对平衡方程式（2-23）两端左乘权函数 $\{w\}=\{w(\xi,\ \eta)\}$，并在研究域内进行积分可得

$$\int_V\{w\}^{\mathrm{T}}[b^1]^{\mathrm{T}}\{\sigma\}_{,\xi}\mathrm{d}V+\int_V\{w\}^{\mathrm{T}}\frac{1}{\xi}[b^2]^{\mathrm{T}}\{\sigma\}_{,\eta}\mathrm{d}V-\int_V\{w\}^{\mathrm{T}}\rho\{\ddot{u}\}\mathrm{d}V+\int_V\{w\}^{\mathrm{T}}\{p\}\mathrm{d}V=0 \tag{2-28}$$

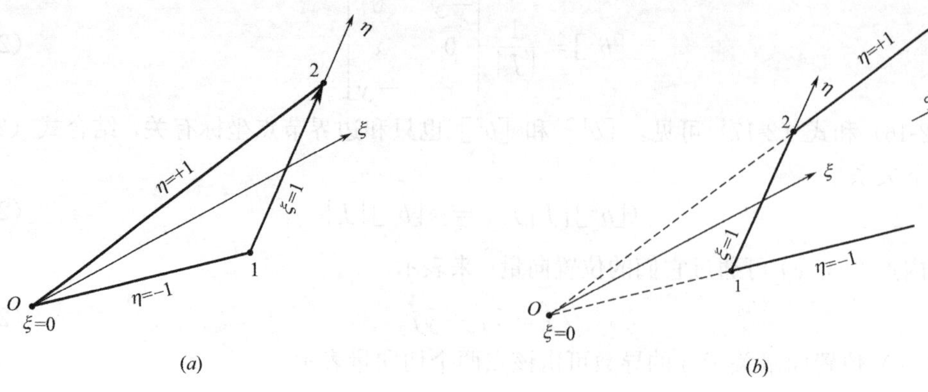

图 2-5 面力边界条件的定义

(*a*) 有限域；(*b*) 无限域

将式（2-22）代入式（2-28），对式中第二项应用格林公式和边界条件，积分可得

$$\begin{aligned}&\int_0^1\Big(\xi\int_{-1}^1\{w\}^{\mathrm T}[b^1]^{\mathrm T}\{\sigma\}_{,\xi}|J|\mathrm d\eta+\sqrt{x(\eta)^2+y(\eta)^2}\{w\}^{\mathrm T}\{t_n\}\Big|_{\eta=+1}\\&+\sqrt{x(\eta)^2+y(\eta)^2}\{w\}^{\mathrm T}\{t_n\}\Big|_{\eta=-1}\\&-\int_{-1}^1(\{w\}^{\mathrm T}_{,\eta}[b^2]^{\mathrm T}-\{w\}^{\mathrm T}[b^1]^{\mathrm T})\{\sigma\}|J|\mathrm d\eta\\&-\xi\int_{-1}^1\{w\}^{\mathrm T}\rho\{\ddot u\}|J|\mathrm d\eta+\xi\int_{-1}^1\{w\}^{\mathrm T}\{p\}|J|\mathrm d\eta\Big)\mathrm d\xi=0\end{aligned}\tag{2-29}$$

计算域边界 $\xi=1$ 上线单元内任一点的位移可通过形函数 $[N(\eta)]$ 插值得到。如果我们假设对应于常数 ξ 曲线上的位移可用相同的形函数插值

$$\{u(\xi,\ \eta)\}=[N^u(\eta)]\{u(\xi)\}\tag{2-30}$$

对于 3 节点单元 $[N^u(\eta)]=[N_1[I],\ N_2[I],\ N_3[I]]$，而 $[I]$ 是 2×2 单位矩阵，$[N(\eta)]$ 和 $[N^u(\eta)]$ 差别只在维数，为了简化符号标记，后面 $[N(\eta)]$ 和 $[N^u(\eta)]$ 不再做区别。

将式（2-30）和式（2-15）分别代入式（2-9）和式（2-8）可得到应变场 $\{\varepsilon(\xi,\ \eta)\}$ 和应力场 $\{\sigma(\xi,\ \eta)\}$

$$\{\varepsilon(\xi,\ \eta)\}=[B^1]\{u(\xi)\}_{,\xi}+\frac{1}{\xi}[B^2]\{u(\xi)\}\tag{2-31}$$

$$\{\sigma(\xi,\ \eta)\}=[D]\Big([B^1]\{u(\xi)\}_{,\xi}+\frac{1}{\xi}[B^2]\{u(\xi)\}\Big)\tag{2-32}$$

式中

$$[B^1]=[b^1][N(\eta)]\tag{2-33}$$

$$[B^2]=[b^2][N(\eta)]_{,\eta}\tag{2-34}$$

从式（2-33）和式（2-34）可以看出 $[B^1]$，$[B^2]$ 与 ξ 无关。将位移离散形式也应用于权函数 $\{w\}=\{w(\xi,\ \eta)\}$ 的离散

$$\{w(\xi,\ \eta)\}=[N(\eta)]\{w(\xi)\}\tag{2-35}$$

将式（2-33）～式（2-35）代入方程式（2-29）可得

$$\int_0^1\left(\{w(\xi)\}^{\mathrm{T}}\left(\xi\int_{-1}^1[B^1]^{\mathrm{T}}\{\sigma\}_{,\xi}|J|\mathrm{d}\eta-\int_{-1}^1(-[B^1]^{\mathrm{T}}+[B^2]^{\mathrm{T}})\{\sigma\}|J|\mathrm{d}\eta\right.\right.$$
$$\left.\left.-\xi\int_{-1}^1[N]^{\mathrm{T}}\rho\{\ddot{u}\}|J|\mathrm{d}\eta+\xi\{F^b\}+\{F^t\}\right)\right)\mathrm{d}\xi=0 \tag{2-36}$$

式（2-36）中 $\{F^b\}$ 代表体力可以表示为 ξ 的函数。而 $\{F^t\}$ 代表作用在边界上荷载引起的节点力，也可表示为 ξ 的函数。

$$\{F^b\}=\xi\int_{-1}^1[N]^{\mathrm{T}}\{p\}|J|\mathrm{d}\eta \tag{2-37}$$

对于积分变量 ξ，要使方程式（2-36）成立，则被积函数等于 0，而且对于任意 $\{w(\xi)\}$ 方程式（2-36）均是成立的，所以有

$$\xi\int_{-1}^1[B^1]^{\mathrm{T}}\{\sigma\}_{,\xi}|J|\mathrm{d}\eta-\int_{-1}^1(-[B^1]^{\mathrm{T}}+[B^2]^{\mathrm{T}})\{\sigma\}|J|\mathrm{d}\eta$$
$$-\xi\int_{-1}^1[N]^{\mathrm{T}}\rho\{\ddot{u}\}|J|\mathrm{d}\eta+\xi\{F^b\}+\{F^t\}=0 \tag{2-38}$$

将位移方程式（2-30）和应力方程式（2-32）代入式（2-38）可以得到以位移 $\{u(\xi)\}$ 表达的微分方程式

$$\xi\int_{-1}^1[B^1]^{\mathrm{T}}[D]\left([B^1]\{u(\xi)\}_{,\xi\xi}+\frac{1}{\xi}[B^2]\{u(\xi)\}_{,\xi}-\frac{1}{\xi^2}[B^2]\{u(\xi)\}\right)|J|\mathrm{d}\eta$$
$$-\int_{-1}^1(-[B^1]^{\mathrm{T}}+[B^2]^{\mathrm{T}})[D]\left([B^1]\{u(\xi)\}_{,\xi}+\frac{1}{\xi}[B^2]\{u(\xi)\}\right)|J|\mathrm{d}\eta \tag{2-39}$$
$$-\xi\int_{-1}^1[N]^{\mathrm{T}}\rho[N]\{\ddot{u}(\xi)\}|J|\mathrm{d}\eta+\xi\{F^b\}+\{F^t\}=0$$

将式（2-39）乘以 ξ 并引入系数矩阵

$$[E^0]=\int_{-1}^1[B^1(\eta)]^{\mathrm{T}}[D][B^1(\eta)]|J(\eta)|\mathrm{d}\eta \tag{2-40}$$

$$[E^1]=\int_{-1}^1[B^2(\eta)]^{\mathrm{T}}[D][B^1(\eta)]|J(\eta)|\mathrm{d}\eta \tag{2-41}$$

$$[E^2]=\int_{-1}^1[B^2(\eta)]^{\mathrm{T}}[D][B^2(\eta)]|J(\eta)|\mathrm{d}\eta \tag{2-42}$$

$$[M^0]=\int_{-1}^1[N(\eta)]^{\mathrm{T}}\rho[N(\eta)]|J(\eta)|\mathrm{d}\eta \tag{2-43}$$

从式（2-40）～式（2-42）可以看出这些系数矩阵和 ξ 无关，所有积分只在边界（$\xi=1$）上对局部坐标 η 进行。$[E^0]$、$[E^1]$、$[E^2]$ 和常规有限元中静力刚度阵相似，而 $[M^0]$ 类似于质量阵，其中，$[E^0]$ 和 $[M^0]$ 是正定矩阵，$[E^2]$ 是半正定矩阵，而 $[E^1]$ 是非对称的。

则方程式（2-39）变为

$$[E^0]\xi^2\{u(\xi)\}_{,\xi\xi}+([E^0]-[E^1]+[E^1]^{\mathrm{T}})\xi\{u(\xi)\}_{,\xi}$$
$$-[E^2]\{u(\xi)\}-[M^0]\xi^2\{\ddot{u}(\xi)\}+\{F(\xi)\}=0 \tag{2-44}$$

$$\{F(\xi)\}=\xi^2\{F^b\}+\xi\{F^t\} \tag{2-45}$$

如图 2-1（b）和图 2-3（b）所示，对于 A_t 是自由面（线）且不考虑体力（$\{F^b\}=0$）的情况，式（2-45）中 $\{F(\xi)\}=0$，这时式（2-44）变为

$$[E^0]\xi^2\{u(\xi)\}_{,\xi\xi}+([E^0]-[E^1]+[E^1]^{\mathrm{T}})\xi\{u(\xi)\}_{,\xi}-[E^2]\{u(\xi)\}-[M^0]\xi^2\{\ddot{u}(\xi)\}=0 \tag{2-46}$$

方程式（2-44）是对有限域的一个单元（图2-5*a*）推导而得到的，对于整个超单元，可以类似有限元法的方式进行组装。为了便于表达，组装后的方程式和方程式（2-44）采用一致的符号。对于如图2-5*b*所示的无限域情况，可以通过类似的推导过程得到，不同之处在于方程式（2-28）的积分区域由三角形（$0\leqslant\xi\leqslant1$）变为了梯形（$1\leqslant\xi\leqslant\infty$）。

2.3.5 SBFEM动力刚度控制方程

在频域内，无限域的动力特性可通过动力刚度$[S(\omega)]$来表征。节点位移$\{u\}$与节点力$\{R\}$之间的关系可由式（2-47）表达

$$\{R\}=[S(\omega)]\{u\} \tag{2-47}$$

对于ξ为某个常数的曲线S^ξ上的力$\{Q(\xi)\}$，可由虚功原理求得

$$\{w(\xi)\}^{\mathrm{T}}\{Q(\xi)\}=\int_{S^\xi}\{w\}^{\mathrm{T}}\{t^\xi\}\mathrm{d}S^\xi \tag{2-48}$$

式中，$\{Q(\xi)\}$是ξ为某一常数的边界上内部节点力，$\mathrm{d}S^\xi$为曲线微元，可表示为

$$\mathrm{d}S^\xi=\sqrt{(\hat{x}_{,\eta})^2+(\hat{y}_{,\eta})^2}\,\mathrm{d}\eta \tag{2-49}$$

将式（2-26）、式（2-35）和式（2-49）代入式（2-48），考虑到$\{w(\xi)\}$的任意性，可得

$$\{Q(\xi)\}=\xi\int_{-1}^{1}[B^1]^{\mathrm{T}}[D]\left([B^1]\{u(\xi)\}_{,\xi}+\frac{1}{\xi}[B^2]\{u(\xi)\}\right)|J|\,\mathrm{d}\eta \tag{2-50}$$

联立式（2-40）、式（2-41）和式（2-50）可得

$$\{Q(\xi)\}=[E^0]\xi\{u(\xi)\}_{,\xi}+[E^1]^{\mathrm{T}}\{u(\xi)\} \tag{2-51}$$

对于如图2-5*a*所示的有限域中1-2边的外法线方向，由2.3.3节的讨论知它是正的；而对于如图2-5*b*所示的无限域，它是负的。因此相应于ξ为某一常数的边界上节点力$\{R(\xi)\}$与内部节点力$\{Q(\xi)\}$的关系统一写为

$$\{R(\xi)\}=\begin{cases}+\{Q(\xi)\} & \text{有限域}\\ -\{Q(\xi)\} & \text{无限域}\end{cases} \tag{2-52}$$

将对应于ξ的线上的动力刚度表示为$[S(\omega,\xi)]$，联立式（2-47）、式（2-51）和式（2-52）可得

$$[S(\omega,\xi)]\{u(\xi)\}=-\xi[E^0]\{u(\xi)\}_{,\xi}-[E^1]^{\mathrm{T}}\{u(\xi)\} \tag{2-53}$$

将式（2-53）对ξ求导可得

$$[S(\omega,\xi)]_{,\xi}\{u(\xi)\}+[S(\omega,\xi)]\{u(\xi)\}_{,\xi}+[E^0]\xi\{u(\xi)\}_{,\xi\xi}+([E^0]+[E^1]^{\mathrm{T}})\{u(\xi)\}_{,\xi}=0 \tag{2-54}$$

将式（2-46）转换到频域表达，并减去式（2-54）可得

$$-\xi[S(\omega,\xi)]_{,\xi}\{u(\xi)\}-\xi([S(\omega,\xi)]+[E^1])\{u(\xi)\}_{,\xi}-[E^2]\{u(\xi)\}+\omega^2\xi^2[M^0]\{u(\xi)\}=0 \tag{2-55}$$

联立式（2-53）和式（2-55）消去$\{u(\xi)\}_{,\xi}$项，并考虑$\{u(\xi)\}$的任意性，可以得到

$$([S(\omega,\xi)]+[E^1])[E^0]^{-1}([S(\omega,\xi)]+[E^1]^{\mathrm{T}})-\xi[S(\omega,\xi)]_{,\xi}-[E^2]+\omega^2\xi^2[M^0]=0 \tag{2-56}$$

根据文献［13］的无量纲分析的结果有

$$\xi[S(\omega,\ \xi)]_{,\xi}=\omega[S(\omega,\ \xi)]_{,\omega} \tag{2-57}$$

将式（2-57）代入式（2-56）中，并令 $\xi=1$，可得

$$([S(\omega)]+[E^1])[E^0]^{-1}([S(\omega)]+[E^1]^{\mathrm{T}})-\omega[S(\omega,\ \xi)]_{,\omega}-[E^2]+\omega^2[M^0]=0 \tag{2-58}$$

式（2-58）就是二维无限域以频域动力刚度表示的 SBFEM 控制方程，它是关于频率 ω 的一阶非线性常微分方程组。

2.4 无限地基加速度单位脉冲响应函数的求解

对于无限地基，其边界上的相互作用力不但可以表示为位移的函数，也可以表达为速度或加速度的函数。由文献［147］中的分析可知，用相互作用力-加速度表达相对简单，且求解精度高。加速度动力刚度［$M(\omega)$］和位移动力刚度［$S(\omega)$］的关系为

$$[M(\omega)]=\frac{[S(\omega)]}{(i\omega)^2} \tag{2-59}$$

将二维无限域 SBFEM 动刚度方程式（2-58）除以 $(i\omega)^4$ 后，再将式（2-59）代入，可得

$$\begin{aligned}&[M(\omega)][E^0]^{-1}[M(\omega)]+[E^1][E^0]^{-1}\frac{[M(\omega)]}{(i\omega)^2}+\frac{[M(\omega)]}{(i\omega)^2}[E^0]^{-1}[E^1]^{\mathrm{T}}-2\frac{[M(\omega)]}{(i\omega)^2}\\&+\frac{1}{\omega}[M(\omega)]_{,\omega}-\frac{1}{(i\omega)^4}([E^2]-[E^1][E^0]^{-1}[E^1]^{\mathrm{T}})-\frac{1}{(i\omega)^2}[M^0]=0\end{aligned} \tag{2-60}$$

利用反 Fourier 变换，可将式（2-60）转换到时域中

$$\begin{aligned}&\int_0^t[M(t-\tau)][E^0]^{-1}[M(\tau)]\mathrm{d}\tau+\left([E^1][E^0]^{-1}-\frac{3}{2}[I]\right)\int_0^t\int_0^\tau[M(\tau')]\mathrm{d}\tau'\mathrm{d}\tau\\&+\int_0^t\int_0^\tau[M(\tau')]\mathrm{d}\tau'\mathrm{d}\tau\left([E^0]^{-1}[E^1]^{\mathrm{T}}-\frac{3}{2}[I]\right)+t\int_0^t[M(\tau)]\mathrm{d}\tau\\&-\frac{t^3}{6}([E^2]-[E^1][E^0]^{-1}[E^1]^{\mathrm{T}})H(t)-t[M^0]H(t)=0\end{aligned} \tag{2-61}$$

式中，$H(t)$ 为 Heaviside 单位阶跃函数。通过对方程（2-61）进行时间步离散，可求出加速度单位脉冲函数，详细的步骤参考文献［14］、文献［153］。

2.5 SBFEM 控制方程求解

本章节主要对二维有限域无面力的静力问题进行推导，所以非齐次方程式（2-44）变为位移表达的二阶齐次常微分方程组

$$[E^0]\xi^2\{u(\xi)\}_{,\xi\xi}+([E^0]-[E^1]+[E^1]^{\mathrm{T}})\xi\{u(\xi)\}_{,\xi}-[E^2]\{u(\xi)\}=0 \tag{2-62}$$

式（2-62）为 Euler-Cauchy 方程组，可以进行解析求解。通过引入未知变量两倍个数的辅助变量

$$\{X(\xi)\}=\begin{Bmatrix}\{u(\xi)\}\\\{Q(\xi)\}\end{Bmatrix} \tag{2-63}$$

方程组（2-62）转变为一阶常微分方程组

$$\xi\{X(\xi)\}_{,\xi}=-[Z]\{X(\xi)\} \tag{2-64}$$

式中，$[Z]$ 为 Hamiltonian 矩阵，其具体形式为

$$[Z]=\begin{bmatrix}[E^0]^{-1}[E^1]^{\mathrm{T}} & -[E^0]^{-1}\\ -[E^2]+[E^1][E^0]^{-1}[E^1]^{\mathrm{T}} & -[E^1][E^0]^{-1}\end{bmatrix} \tag{2-65}$$

为了求解方程（2-64），首先求解下面的特征值问题

$$[Z]\begin{bmatrix}[\Phi_{11}] & [\Phi_{12}]\\ [\Phi_{21}] & [\Phi_{22}]\end{bmatrix}=\begin{bmatrix}[\Phi_{11}] & [\Phi_{12}]\\ [\Phi_{21}] & [\Phi_{22}]\end{bmatrix}\begin{bmatrix}-\lceil\lambda_i\rfloor & \\ & \lceil\lambda_i\rfloor\end{bmatrix} \tag{2-66}$$

其中$\lceil\cdot\rfloor$表示对角矩阵，当λ_i 是$[Z]$的特征值时，则$-\lambda_i$ 也是特征值（其中λ_i 的实部为负）。这时式（2-64）的通解为

$$\{X(\xi)\}=\begin{bmatrix}[\Phi_{11}] & [\Phi_{12}]\\ [\Phi_{21}] & [\Phi_{22}]\end{bmatrix}\begin{bmatrix}\lceil\xi^{-\lambda_i}\rfloor & \\ & \lceil\xi^{\lambda_i}\rfloor\end{bmatrix}\begin{Bmatrix}\{c_1\}\\ \{c_2\}\end{Bmatrix} \tag{2-67}$$

式中，$\{c_1\}$、$\{c_2\}$ 为积分常数。联合式（2-63）和式（2-67）可得

$$\{u(\xi)\}=[\Phi_{11}]\lceil\xi^{-\lambda_i}\rfloor\{c_1\}+[\Phi_{12}]\lceil\xi^{\lambda_i}\rfloor\{c_2\} \tag{2-68}$$

$$\{Q(\xi)\}=[\Phi_{21}]\lceil\xi^{-\lambda_i}\rfloor\{c_1\}+[\Phi_{22}]\lceil\xi^{\lambda_i}\rfloor\{c_2\} \tag{2-69}$$

积分常数 $\{c_1\}$，$\{c_2\}$ 可由边界条件决定，由于λ_i 的实部为负，要满足有限域中$\xi=0$处的应变能为有限值这一个条件，则可得式（2-68）和式（2-69）中的 $\{c_2\}=0$。这样式（2-68）和式（2-69）就变为

$$\{u(\xi)\}=[\Phi_{11}]\lceil\xi^{-\lambda_i}\rfloor\{c_1\} \tag{2-70}$$

$$\{Q(\xi)\}=[\Phi_{21}]\lceil\xi^{-\lambda_i}\rfloor\{c_1\} \tag{2-71}$$

2.5.1 超单元静力刚度阵的计算

积分常数 $\{c_1\}$ 可由边界上的位移 $\{u\}=\{u(\xi=1)\}$ 决定

$$\{c_1\}=[\Phi_{11}]^{-1}\{u\} \tag{2-72}$$

边界（$\xi=1$）上的节点力可由式（2-52）和式（2-71）联合得到

$$\{R\}=\{Q(\xi=1)\}=[K]\{u(\xi=1)\}=[\Phi_{21}][\Phi_{11}]^{-1}\{u(\xi=1)\} \tag{2-73}$$

由此我们可得到有限域超单元的静力刚度阵为

$$[K]=[\Phi_{21}][\Phi_{11}]^{-1} \tag{2-74}$$

对于无限域的静力问题，由于λ_i 的实部为负，要满足无限域$\xi\to\infty$时的应变能是有限值的条件，则可得式（2-68）和式（2-69）中的 $\{c_1\}=0$，所以可得到

$$\{u(\xi)\}=[\Phi_{12}]\lceil\xi^{\lambda_i}\rfloor\{c_2\} \tag{2-75}$$

$$\{Q(\xi)\}=[\Phi_{22}]\lceil\xi^{\lambda_i}\rfloor\{c_2\} \tag{2-76}$$

积分常数 $\{c_2\}$ 可由边界上的位移 $\{u\}=\{u(\xi=1)\}$ 决定。联合式（2-52）、式（2-75）和式（2-76）可得无限域静刚度

$$[K]=-[\Phi_{22}][\Phi_{12}]^{-1} \tag{2-77}$$

2.5.2 超单元静力质量阵的计算

将式（2-72）代入式（2-70）可得

$$\{u(\xi)\}=[\Phi_{11}]\lceil\xi^{-\lambda_i}\rfloor[\Phi_{11}]^{-1}\{u\} \tag{2-78}$$

在式（2-78）中，节点位移 $\{u\}$ 的系数矩阵可以视为在 ξ 方向的形函数。则可由式（2-30）和式（2-78）得到研究区域 V 内部位移插值的形函数 $[N_V(\xi,\eta)]$，这时式（2-30）变为

$$\{u(\xi,\eta)\}=[N_V(\xi,\eta)]\{u\} \tag{2-79}$$

式中形函数 $[N_V]$ 可表示为

$$[N_V(\xi,\eta)]=[N(\eta)][\Phi_{11}]\lceil\xi^{-\lambda_i}\rfloor[\Phi_{11}]^{-1} \tag{2-80}$$

这时，一致质量矩阵的计算和有限元类似

$$[M]=\int[N_V(\xi,\eta)]^{T}\rho[N_V(\xi,\eta)]\mathrm{d}V \tag{2-81}$$

将式（2-22）中的 $\mathrm{d}V$ 和式（2-80）中的 $[N_V]$ 代入式（2-81）中可得

$$[M]=([\Phi_{11}]^{-1})^{T}\int_0^1\lceil\xi^{-\lambda_i}\rfloor[\Phi_{11}]^{T}[M^0][\Phi_{11}]\lceil\xi^{-\lambda_i}\rfloor\xi\mathrm{d}\xi[\Phi_{11}]^{-1} \tag{2-82}$$

式中，系数矩阵 $[M^0]$ 由式（2-43）计算。为了对 $[M]$ 在 ξ 方向进行解析积分，引入 $[m^0]$ 来简化表达

$$[m^0]=[\Phi_{11}]^{T}[M^0][\Phi_{11}] \tag{2-83}$$

$$[m]=\int_0^1\lceil\xi^{-\lambda_i}\rfloor[m^0]\lceil\xi^{-\lambda_i}\rfloor\xi\mathrm{d}\xi \tag{2-84}$$

上面的矩阵 $[m]$ 中的每个矩阵元可以解析地求解

$$[m_{ij}]=\int_0^1\xi^{-\lambda_i}m_{ij}^0\xi^{-\lambda_j}\xi\mathrm{d}\xi=\frac{m_{ij}^0}{-\lambda_i-\lambda_j+2} \tag{2-85}$$

因而联立方程式（2-82）～方程式（2-84）可得质量阵

$$[M]=([\Phi_{11}]^{-1})^{T}[m][\Phi_{11}]^{-1} \tag{2-86}$$

2.5.3 基于 SBFEM 的应力强度因子的求解

通过 2.3.1 和 1.3.2 节的叙述可知，超单元的形状仅需满足内部的相似中心可以看到整条边界。对于有限域问题，可以通过将研究区域分划来实现。基于 SBFEM 的超单元对裂尖应力奇异性的模拟很有优势。如图 2-6（a）所示，当相似中心选在裂尖时，仅需在边界进行离散，直裂纹面和材料交界面（经过相似中心的射线）则不需要离散。而这些射线上的位移可表示为径向坐标 ξ 的解析函数［如式（2-70）］，SBFEM 的这一显著特点可以方便地模拟径向坐标 ξ 的应力奇异性，可以方便地用 ξ 的无穷大值来定义无限域。对于如图 2-6（b）所示的多个内部裂纹，可以通过划分多个超单元（每个超单元只包括一个裂尖）来实现。每个超单元的相似中心选在相应的裂尖处。这时，相邻超单元的交接面需要插入额外的单元。

通过前面推导可知，超单元内的位移场可由式（2-70）和式（2-72）来描述，式（2-72）中的积分常数 $\{c_1\}$ 可由超单元边界上的节点位移来决定。等式（2-70）可以写成式（2-87）级数的形式

$$\{u(\xi)\}=\sum_{i=1}^{n}c_i\xi^{-\lambda_i}\{\phi\}_i \tag{2-87}$$

式中，n 是方阵 $[\Phi_{11}]$ 的维数，$\{\phi\}_i$ 代表 $[\Phi_{11}]$ 第 i 列的位移模态，c_i 表示积分常数矢量

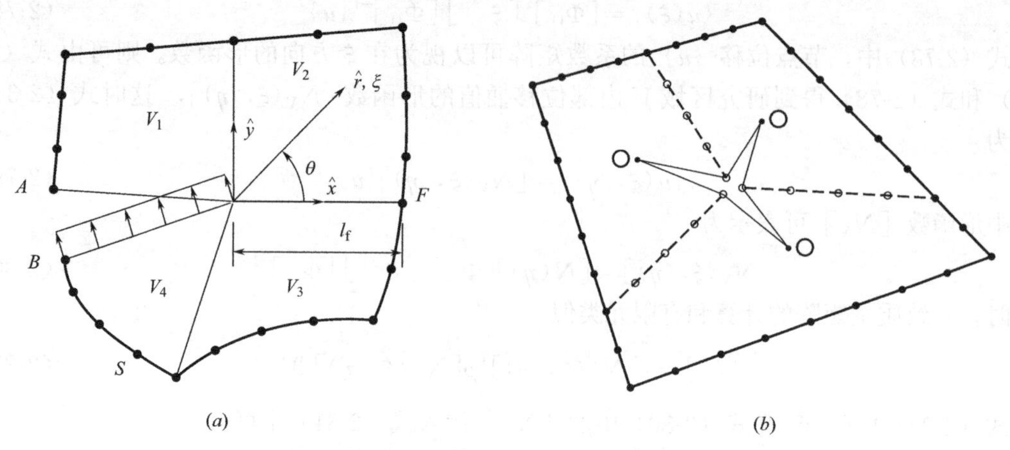

图 2-6　裂尖超单元的离散

(a) 相似中心位于裂尖的超单元；(b) 多裂纹超单元的划分

$\{c_1\}$ 的第 i 个元素。式（2-87）表示的位移场只是边界节点所在射线的位移场。对于涵盖超单元内任一点处位移的位移场可用式（2-30），通过逐个单元用单元形函数插值径向位移函数 $\{u(\xi)\}$ 来计算，如式（2-88）所示

$$\{u(\xi,\ \eta)\} = \sum_{i=1}^{n} c_i \xi^{-\lambda_i} [N(\eta)] \{\phi\}_i \tag{2-88}$$

将式（2-87）代入式（2-32）可得到如图 2-5 所示扇形内任一点（ξ，η）的应力

$$\{\sigma(\xi,\ \eta)\} = \sum_{i=1}^{n} c_i \xi^{-\lambda_i - 1} \{\psi(\eta)\}_i \tag{2-89}$$

其中局部坐标 η 的应力模态值 $\{\psi(\eta)\}_i = [\psi_{xx}(\eta),\ \psi_{yy}(\eta),\ \psi_{xy}(\eta)]_i^{\mathrm{T}}$ 可由相应的位移模态 $\{\phi\}_i$ 计算得到

$$\{\psi(\eta)\}_i = [D](-\lambda_i [B^1(\eta)] + [B^2(\eta)]) \{\phi\}_i \tag{2-90}$$

式（2-88）和式（2-89）分别代表超单元内位移场和应力场的半解析解。在环向方向，用单元编号和局部坐标 η 来描述的解，可用离散值和分段光滑函数来估计。在径向方向，用无量纲坐标 ξ 来描述的解，不需要引入附加估计，可以用解析函数的形式给出。当超单元的相似中心置于裂尖时，位移和应力级数表达的解类似于极坐标系下裂尖近场的 Williams 渐进展开。将式（2-5）代入式（2-89）中可以得到

$$\{\sigma(\hat{r},\ \eta)\} = \sum_{i=1}^{n} c_i \hat{r}^{-\lambda_i - 1} (r(\eta))^{\lambda_i + 1} \{\psi(\eta)\}_i \tag{2-91}$$

式（2-91）中 $\{\sigma(\hat{r},\ \eta)\}$ 和式（2-6）中单值函数 $\theta(\eta)$ 构成了类似于 Williams 展开的应力场极坐标的参数表达。当特征值 λ_i 满足 $-1 < \mathrm{Re}(\lambda_i) < 0$，式（2-91）中的应力当 $\hat{r} \to 0$ 是奇异的。存在两个面内本征模导致应力奇异，而两个对应的特征值可能是等值的实数、复共轭对或是不同数值的实数，依赖于裂尖的材料组成。

平方根奇异是目前最广泛研究的应力奇异类型，它发生在均质板的裂尖处。对应同一特征值 $\lambda_s = -0.5$ 存在两个应力奇异模态。应力强度因子可由特征值 λ_s 和其所对应的两个应力奇异模态来定义

$$\begin{Bmatrix} K_{\text{I}} \\ K_{\text{II}} \end{Bmatrix} = \lim_{\hat{r}\to 0} \sqrt{2\pi}\, \hat{r}^{\lambda_s+1} \begin{Bmatrix} \sigma_{yy}(\hat{r},\ \theta=0) \\ \sigma_{xy}(\hat{r},\ \theta=0) \end{Bmatrix} \tag{2-92}$$

式中，坐标 $\hat{x}$，$\hat{y}$ 和 $\hat{r}$，θ 的定义如图 2-6（a）所示，坐标原点被置于裂尖处。将沿着 $\theta=0$ 径线从相似中心到边界的距离定义为 $l_{\text{f}}=r(\theta=0)$，将式（2-89）代入式（2-92）中可得

$$\begin{Bmatrix} K_{\text{I}} \\ K_{\text{II}} \end{Bmatrix} = \sqrt{2\pi} \sum_{i=1}^{n} c_i \left(\lim_{\hat{r}\to 0} \hat{r}^{\lambda_s-\lambda_i}\right) l_{\text{f}}^{\lambda_i+1} \begin{Bmatrix} \psi_{yy}(\theta=0) \\ \psi_{xy}(\theta=0) \end{Bmatrix}_i \tag{2-93}$$

为了计算应力强度因子，只需研究式（2-89）中特征值 $\lambda_i=\lambda_s=-0.5$ 对应的两个应力奇异模态，是因为其他所有对应于 $\text{Re}(\lambda_i)\leqslant -1$ 的模态，当 $\hat{r}\to 0$ 时的极限值为零。对式（2-93）取极限可以得到应力强度因子的解析表达式

$$\begin{Bmatrix} K_{\text{I}} \\ K_{\text{II}} \end{Bmatrix} = \sqrt{2\pi}\, l_{\text{f}}^{\lambda_s+1} \left(c_{\text{I}} \begin{Bmatrix} \psi_{yy}(\theta=0) \\ \psi_{xy}(\theta=0) \end{Bmatrix}_{\text{I}} + c_{\text{II}} \begin{Bmatrix} \psi_{yy}(\theta=0) \\ \psi_{xy}(\theta=0) \end{Bmatrix}_{\text{II}} \right) \tag{2-94}$$

$\theta=0$ 处的应力模态值 $\psi_{yy}(\theta=0)$ 和 $\psi_{xy}(\theta=0)$，可以用 $\theta=0$ 对应的单元和局部坐标 η 决定的表达式（2-90）来计算。

在复合材料层板的自由边界或材料交界面的裂尖，两个应力奇异模态可能会有一对复共轭特征值或者两个不相等的特征值。下面介绍一对复共轭特征值（$\lambda_s=\lambda_{s\text{R}}+\text{i}\lambda_{s\text{I}}$，$\bar{\lambda}_s=\lambda_{s\text{R}}-\text{i}\lambda_{s\text{I}}$）的情况。沿 $\theta=0$ 的径线的奇异应力，采用 Sun 和 Jih 提出的应力强度因子，可以表达为

$$\left(\sigma_{yy}^{(s)}(\hat{r},\ \theta=0) + \text{i}\sigma_{xy}^{(s)}(\hat{r},\ \theta=0)\right) = \frac{K_{\text{I}}+\text{i}K_{\text{II}}}{\sqrt{2\pi}} \left(\frac{\hat{r}}{2a}\right)^{-\lambda_s-1} \tag{2-95}$$

式中，裂纹长度 $2a$ 被用作特征长度。复数特征值 λ_s 的虚部 $\lambda_{s\text{I}}$ 被选为负的（$\lambda_{s\text{I}}<0$）。式（2-95）可以表达为矩阵的形式

$$\begin{Bmatrix} \sigma_{yy}^{(s)}(\hat{r},\ \theta=0) \\ \sigma_{xy}^{(s)}(\hat{r},\ \theta=0) \end{Bmatrix} = \frac{1}{\sqrt{2\pi}\, \hat{r}^{\lambda_{s\text{R}}+1}} \begin{bmatrix} \cos\left(-\lambda_{s\text{I}} \ln \frac{\hat{r}}{2a}\right) & -\sin\left(-\lambda_{s\text{I}} \ln \frac{\hat{r}}{2a}\right) \\ \sin\left(-\lambda_{s\text{I}} \ln \frac{\hat{r}}{2a}\right) & \cos\left(-\lambda_{s\text{I}} \ln \frac{\hat{r}}{2a}\right) \end{bmatrix} \begin{Bmatrix} K_{\text{I}} \\ K_{\text{II}} \end{Bmatrix} \tag{2-96}$$

$\theta=0$ 的径线的奇异应力可利用 SBFEM，通过保留式（2-89）中复共轭特征值对（λ_s，$\bar{\lambda}_s$）所对应的两项来决定

$$\begin{Bmatrix} \sigma_{yy}^{(s)}(\xi,\ \theta=0) \\ \sigma_{xy}^{(s)}(\xi,\ \theta=0) \end{Bmatrix} = c\xi^{-\lambda_s-1} \begin{Bmatrix} \psi_{yy}(\theta=0) \\ \psi_{xy}(\theta=0) \end{Bmatrix} + \bar{c}\xi^{-\bar{\lambda}_s-1} \begin{Bmatrix} \bar{\psi}_{yy}(\theta=0) \\ \bar{\psi}_{xy}(\theta=0) \end{Bmatrix} \tag{2-97}$$

在 $\theta=0$ 的径线上，式（2-97）中的无量纲径向坐标 ξ 是和等式（2-96）中的极坐标 $\hat{r}$ 相关的，其关系为 $\xi=\hat{r}/l_{\text{f}}$，其中 l_{f} 和前面的定义一样代表相似中心到裂尖前面边界的距离（图 2-6a）。在 $\hat{r}=l_{\text{f}}(\xi=1)$ 处，由等式（2-96）可方便地得到

$$\begin{Bmatrix} K_{\text{I}} \\ K_{\text{II}} \end{Bmatrix} = \sqrt{2\pi}\, l_{\text{f}}^{\lambda_{s\text{R}}+1} \begin{bmatrix} \cos\left(-\lambda_{s\text{I}} \ln \frac{l_{\text{f}}}{2a}\right) & \sin\left(-\lambda_{s\text{I}} \ln \frac{l_{\text{f}}}{2a}\right) \\ -\sin\left(-\lambda_{s\text{I}} \ln \frac{l_{\text{f}}}{2a}\right) & \cos\left(-\lambda_{s\text{I}} \ln \frac{l_{\text{f}}}{2a}\right) \end{bmatrix} \begin{Bmatrix} \sigma_{yy}^{(s)}(\xi=1,\ \theta=0) \\ \sigma_{xy}^{(s)}(\xi=1,\ \theta=0) \end{Bmatrix} \tag{2-98}$$

由等式（2-97）可以求出 $\xi=1$ 时的奇异应力

$$\begin{Bmatrix} \sigma_{yy}^{(s)}(\xi=1,\ \theta=0) \\ \sigma_{xy}^{(s)}(\xi=1,\ \theta=0) \end{Bmatrix} = 2\mathrm{Re}\left(c\begin{Bmatrix} \psi_{yy}(\theta=0) \\ \psi_{xy}(\theta=0) \end{Bmatrix}\right) \tag{2-99}$$

2.6 SBFEM 简单的网格重剖分技术

Yang 于 1996 年基于 LEFM 用简单的 SBFEM 网格重剖分技术模拟了准静态裂纹的扩展。如图 2-7 所示的是该重剖分方法的基本步骤。如图 2-7（*a*）所示，含裂尖的子域被分为三个超单元：$S3$ 是初始的裂尖超单元，它的相似中心放在裂尖处，连接裂尖的边界不离散；而 $S1$ 和 $S2$ 是两个核心超单元。为了保证求解结果的精度，每个超单元的每条边的节点离散密度可以是不同的，而这些节点在图 2-7 中没有显示。首先，通过对结构的分析获得应力强度因子，然后根据 LEFM-based 扩展准则计算裂纹下一步扩展的方向，并结合裂纹增量步长 Δa，计算下一步裂纹尖端的位置。如图 2-7（*b*）所示，当裂纹向前扩展一个裂纹增量步长 Δa 时，两个顶点 $V5$、$V6$ 和两条边 $E5$、$E6$ 被增加；相应地，两个旧顶点 $V1$ 和 $V2$ 移动到新位置；连接新的裂尖和顶点 $V5$、$V6$（原来裂尖位置）的两条连线形成新的裂纹面。重复以上过程，如果下一步预测的裂尖位置超过计算区域的边界结束裂纹扩展的模拟。在整个过程中，超单元的数目不变。

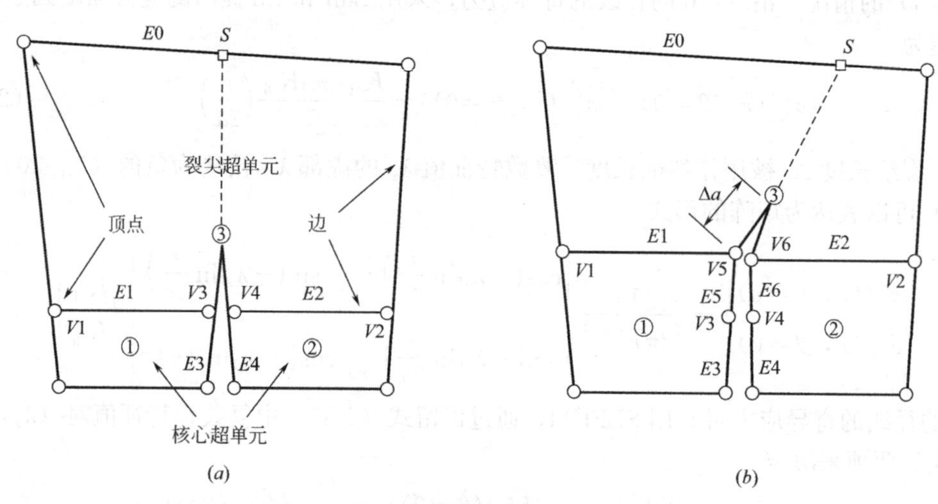

图 2-7　简单的 SBFEM 网格重剖分过程

（*a*）裂尖超单元和核心超单元；（*b*）扩展一个裂纹增量步之后

对于黏聚裂纹扩展问题的模拟，Yang 和 Deeks 于 2007 年提出了两步式 FEM-SBFEM 耦合的方法。第一步和前面一样，基于 LEFM 和 SBFEM 利用简单的重剖分方法来预测裂纹路径（图 2-8*a*、图 2-8*b*）。第二步就是在非线性分析之前，在裂纹路径上插入 CIEs 来模拟 FPZ 的能量耗散。值得注意的是，连接裂尖超单元 $S3$ 相似中心的两个裂纹面没有被离散（图 2-8*b*），因此 CIEs 不能直接嵌入。

为了解决上述困难，他们采取以下措施来解决这一问题：

(1) 在 $S3$ 的相似中心增加一个新的顶点（$V7$），这样形成了两条新的边界（$E7$ 和 $E8$）来表示连接裂尖的裂纹面（图 2-8*c*），通过增加一个新的顶点 $V8$ 和一条新的边界 $E0$ 将裂尖超单元剖分为两个常规的超单元（见图 2-8*c* 中的 $S3$ 和 $S4$），这时，边界 $E0$ 也被

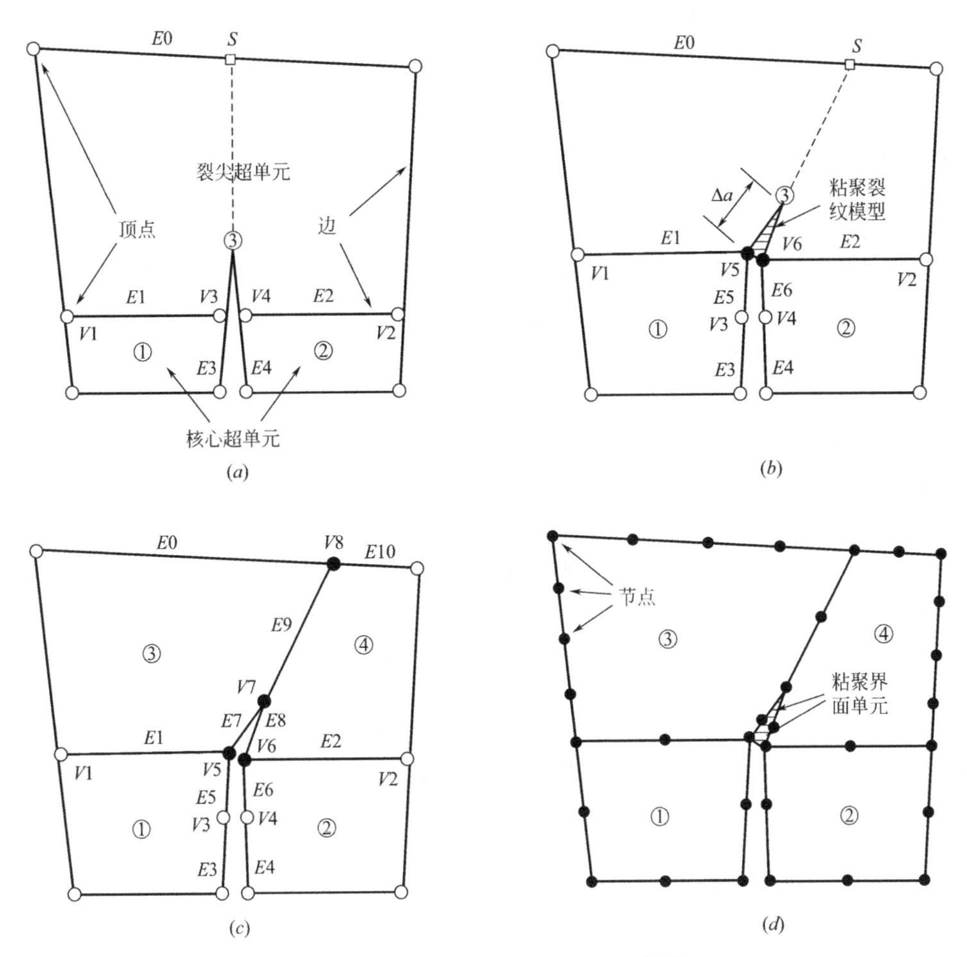

图 2-8 考虑黏聚裂纹的 SBFEM 网格重剖分过程

(*a*) 裂尖超单元和核心超单元；(*b*) 扩展一个裂纹增量步之后；(*c*) 裂尖超单元划分为两个普通超单元；(*d*) 离散边界并插入 CIEs

分为两个边界 $E0$ 和 $E12$，超单元 $S3$ 和 $S4$ 的相似中心的位置只需满足可视条件。

(2) 由于此时的新边界 $E7$ 和 $E8$ 变为了正常的边界，可以进行离散，所以，此时的整条裂纹路径都可以插入 CIEs（图 2-8*d*），其他边界可以根据指定的节点种子进行离散。

因此，如图 2-8*d* 所示的问题变成了非线性的 SBFEM-FEM 耦合问题。这时，沿着裂纹的节点位移和黏聚力可通过求解如图 2-8*d* 所示的非线性问题获得，而如图 2-8*b* 所示的裂尖超单元 $S3$ 的节点位移通过网格映射技术获得。此时，如图 2-8*b* 所示的网格被视为新网格，而如图 2-8*d* 所示的被视为旧网格，后者区域被命名为前者的“shadow domain”。

2.7 SBFEM 基本特点概述

本章首先概述了比例边界有限元研究进展，并介绍了 SBFEM 的基本概念和比例坐标变换。然后较为详细地用加权余量法推导了有限域的 SBFEM 位移控制方程及无限域的 SBFEM 频域动力刚度控制方程，并对无限地基加速度单位脉冲响应函数的求解做了简单介绍。最后对有限域SBFEM位移控制方程进行了求解，得到了超单元静力刚度阵、质量阵，并给出了基于SBFEM的位移场、应力场及求解应力奇异问题的应力强度因子的解析表达式。

2.7.1 SBFEM的优势

比例边界有限元法通过比例坐标变换将偏微分方程转化为常微分方程，不需要基本解就能解析求解，但由于在边界上仍需要像有限元法那样进行离散，所以它是一种半解析的数值方法。它不但保留有限元法和边界元法的优点，而且还具有自己的优势：

(1) 仅需要用有限元网格离散边界，从而使空间维数降一维，提高了计算效率。

(2) 和有限元法比，SBFEM超单元内径向的位移和应力可解析求解，超单元内部任意一点的位移和应力的解也具有半解析性，计算精度高；而对于应力奇异问题，可以给出应力强度因子解析表达式，因而可以精确地求解应力奇异问题。

(3) 和边界元法比，SBFEM不需要基本解，可以像有限元那样将研究区域划分为数个超单元，然后再进行组装，大大提高了求解复杂问题的能力，使其更具适用性，能够解决很多边界法无法解决的复杂问题。

(4) 对于无限域（或半无限域）问题，SBFEM仅需在近场与远场地基交界面进行网格离散，自动满足无穷远处的辐射边界条件。

(5) 由于位移场、应力场及应力强度因子等的半解析性，基于SBFEM裂纹扩展的模拟不需要引入奇异单元和较密的网格就能得到理想的精度；状态变量（位移，速度，加速度等）的半解析性也提高了动态裂纹扩展模拟过程中网格映射的精度。

2.7.2 SBFEM的不足

由于SBFEM是基于弹性理论推导的，目前主要用于弹性问题的求解，对于不规则的非均质材料等很难处理，需要耦合有限元等其他数值方法。

3 基于SBFEM任意角度复合型裂纹断裂能计算的J积分方法研究

3.1 引言

断裂能、能量释放率以及应力强度因子可以说是断裂力学里最重要的三个参数，在结构断裂及裂纹扩展的研究中扮演着重要角色，是重要的裂纹扩展的判据，它们之间关系的研究对结构的静、动态裂纹扩展有重要的意义。目前，在平面问题中，用J积分方法求解断裂能的研究主要针对Ⅰ型或是Ⅱ型裂纹，而且裂纹方向都假定为水平方向，周海龙详细地推导了平面应力状态下J积分与Ⅰ型裂纹应力强度因子K_{I}的关系。本章在前人研究的基础上做了以下研究：①根据J积分的基本定义推导了线弹性材料的Ⅰ-Ⅱ复合型裂纹在任意角度时J积分与应力强度因子之间的关系。根据J积分的基本定义，SBFEM被用于J积分的求解，并和FEM（ANSYS软件）的计算结果进行比较。从结果可以看出，SBFEM计算结果精确且计算过程方便，和FEM一起共同验证了推导公式的正确性。在算例中，还对计算边界到裂纹的距离、计算单元的尺寸以及积分路径等诸因素对精度的影响进行了一定分析。②由于应力强度因子是一个仅与裂纹顶端局部应力应变场相关的量，它的确定比断裂能的确定相对容易，所以可以先求解应力强度因子，然后利用前面的J积分与应力强度因子关系式来求解结构的断裂能。因为SBFEM在求解应力奇异问题时，应力在径向是解析的，所以用SBFEM求解应力强度因子十分方便，通过断裂能与应力强度因子关系式进行J积分计算比根据其定义进行计算更加精确和方便。在算例中，对应力强度因子和J积分影响因素，如裂纹到外边界的距离、单元尺寸及超单元的划分等，进行了详细分析。

3.2 线弹性材料复合型裂纹断裂能与应力强度因子之间的关系推导

3.2.1 J积分的基本理论

用J积分计算断裂能G_{f}是常用的方法之一。对于Griffith裂纹，前人已经推导了纯Ⅰ型或是纯Ⅱ型裂纹J与K_{I}或K_{II}的关系，下面是任意角度Ⅰ-Ⅱ复合型裂纹的J与K_{I}和K_{II}的关系推导。

Rice提出了J积分的两种定义：形变功率定义和回路积分定义。其中回路积分定义如式（3-1）：

$$J=\int_{\Gamma}\left(W\mathrm{d}x_2-\vec{T}\frac{\partial\vec{u}}{\partial x_1}\mathrm{d}s\right)\tag{3-1}$$

或者

$$J=\int_{\Gamma}\left(W\mathrm{d}x_2-T_i\frac{\partial u_i}{\partial x_1}\mathrm{d}s\right)\tag{3-2}$$

式中，W 为单位体积内的应变能密度；$\vec{T}$，$\vec{u}$ 分别为应力矢量和位移矢量，方向为积分曲线 Γ 的外法线；$\mathrm{d}s$ 为积分曲线 Γ 上的一段微分弧长；Γ 为任意的一条积分回路，按逆时针方向起始于裂纹下表面，终止于裂纹上表面，如图 3-1 所示，Γ 可以为一个以裂纹顶端为圆心，以 r 为半径的圆，其中裂纹与整体坐标系 x 轴成 α 角。

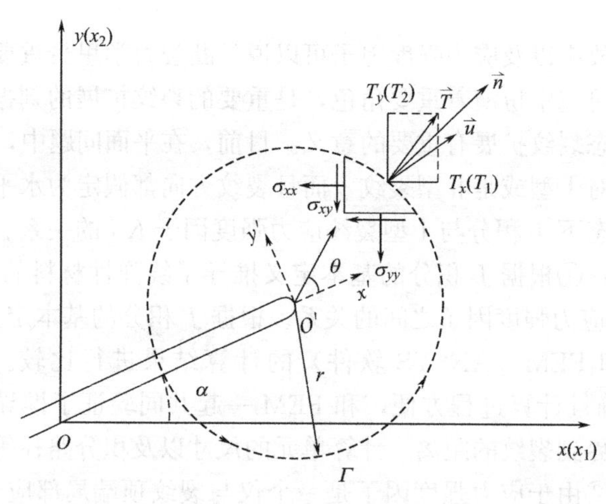

图 3-1　裂纹示意图

3.2.2　任意角度复合型 Griffith 裂纹 J 积分的公式推导

对线性弹性情形，式（3-2）中的 W 值由式（3-3）得到：

$$W=\int_0^{\varepsilon_{ij}}\sigma_{ij}\mathrm{d}\varepsilon_{ij}=\frac{1}{2}\sigma_{ij}\varepsilon_{ij}\tag{3-3}$$

式中，σ_{ij} 为应力分量；ε_{ij} 为应变分量。

在裂纹顶端前缘，对于Ⅰ-Ⅱ复合型裂纹，渐近应力场如下：

$$\sigma_{11}=\frac{K_{\mathrm{I}}}{\sqrt{2\pi r}}\cos\frac{\theta}{2}\left(1-\sin\frac{\theta}{2}\sin\frac{3\theta}{2}\right)-\frac{K_{\mathrm{II}}}{\sqrt{2\pi r}}\sin\frac{\theta}{2}\left(2+\cos\frac{\theta}{2}\cos\frac{3\theta}{2}\right)\tag{3-4}$$

$$\sigma_{22}=\frac{K_{\mathrm{I}}}{\sqrt{2\pi r}}\cos\frac{\theta}{2}\left(1+\sin\frac{\theta}{2}\sin\frac{3\theta}{2}\right)+\frac{K_{\mathrm{II}}}{\sqrt{2\pi r}}\sin\frac{\theta}{2}\cos\frac{\theta}{2}\cos\frac{3\theta}{2}\tag{3-5}$$

$$\sigma_{12}=\sigma_{21}=\frac{K_{\mathrm{I}}}{\sqrt{2\pi r}}\sin\frac{\theta}{2}\cos\frac{\theta}{2}\cos\frac{3\theta}{2}+\frac{K_{\mathrm{II}}}{\sqrt{2\pi r}}\cos\frac{\theta}{2}\left(1-\sin\frac{\theta}{2}\sin\frac{3\theta}{2}\right)\tag{3-6}$$

式中，θ 角是待求点和以裂纹顶端为原点的连线与局部坐标系横轴 x' 的夹角。

对于平面弹性问题，应力-应变关系为：

$$\varepsilon_{11}=\frac{1}{E_1}(\sigma_{11}-\upsilon_1\sigma_{22})；\ \varepsilon_{22}=\frac{1}{E_1}(\sigma_{22}-\upsilon_1\sigma_{11})；\ \varepsilon_{21}=\varepsilon_{12}=\frac{1+\upsilon_1}{E_1}\sigma_{12}\tag{3-7}$$

对于平面应力问题 $\upsilon_1=\upsilon$，$E_1=E$；对于平面应变问题 $\upsilon_1=\dfrac{\upsilon}{1-\upsilon}$，$E_1=\dfrac{E}{(1-\upsilon^2)}$。$E$ 为材料的弹性模量，υ 为材料的泊松比。

由式（3-3）～式（3-7）可以得到式（3-2）的第一项为：

平面应力问题时

$$\int_\Gamma W\mathrm{d}x_2=\int_\Gamma Wr\cos(\theta+\alpha)\mathrm{d}\theta=\frac{(1-\upsilon)}{4E}(K_{\mathrm{I}}^2\cos\alpha-K_{\mathrm{II}}^2\cos\alpha+2K_{\mathrm{I}}K_{\mathrm{II}}\sin\alpha) \tag{3-8}$$

平面应变问题时

$$\int_\Gamma W\mathrm{d}x_2=\int_\Gamma Wr\cos(\theta+\alpha)\mathrm{d}\theta=\frac{(1-\upsilon-2\upsilon^2)}{4E}(K_{\mathrm{I}}^2\cos\alpha-K_{\mathrm{II}}^2\cos\alpha+2K_{\mathrm{I}}K_{\mathrm{II}}\sin\alpha) \tag{3-9}$$

由应力与面力的关系如式（3-10）

$$T_1=\sigma_{11}n_1+\sigma_{12}n_2;\qquad T_2=\sigma_{12}n_1+\sigma_{22}n_2 \tag{3-10}$$

式中，n_1，n_2 为弧长 ds 的外法线 n 的方向余弦，见图 3-1，可以得到：$n_1=\cos\theta$；$n_2=\sin\theta$。

在裂纹顶端前缘，对于Ⅰ-Ⅱ复合型裂纹，渐近位移场如式（3-11）、式（3-12）

$$u_1=\frac{K_{\mathrm{I}}}{4G}\sqrt{\frac{r}{2\pi}}\left[(2\kappa-1)\cos\frac{\theta}{2}-\cos\frac{3\theta}{2}\right]+\frac{K_{\mathrm{II}}}{4G}\sqrt{\frac{r}{2\pi}}\left[(2\kappa+3)\sin\frac{\theta}{2}+\sin\frac{3\theta}{2}\right] \tag{3-11}$$

$$u_2=\frac{K_{\mathrm{I}}}{4G}\sqrt{\frac{r}{2\pi}}\left[(2\kappa+1)\sin\frac{\theta}{2}-\sin\frac{3\theta}{2}\right]-\frac{K_{\mathrm{II}}}{4G}\sqrt{\frac{r}{2\pi}}\left[(2\kappa-3)\cos\frac{\theta}{2}+\cos\frac{3\theta}{2}\right] \tag{3-12}$$

式中，μ 为剪切模量：$\mu=E_1/2(1+\upsilon_1)$；$k=(3-\upsilon_1)/(1+\upsilon_1)$。

联立式（3-10）～式（3-12）可得式（3-2）的第二项，当为平面应力问题时

$$\int_\Gamma T_i\frac{\partial u_i}{\partial x_1}\mathrm{d}s=\frac{-1}{4E}(2\upsilon K_{\mathrm{I}}^2\cos^2\alpha-\upsilon K_{\mathrm{I}}^2+\upsilon K_{\mathrm{II}}^2+4\upsilon K_{\mathrm{I}}K_{\mathrm{II}}\sin\alpha\cos\alpha-2K_{\mathrm{II}}^2\cos^2\alpha$$
$$+4K_{\mathrm{I}}K_{\mathrm{II}}\sin\alpha\cos\alpha-2\upsilon K_{\mathrm{II}}^2\cos^2\alpha+2K_{\mathrm{I}}^2\cos^2\alpha+7K_{\mathrm{II}}^2+K_{\mathrm{I}}^2) \tag{3-13}$$

平面应变问题时

$$\int_\Gamma T_i\frac{\partial u_i}{\partial x_1}\mathrm{d}s=\frac{(1+\upsilon)}{4E}(6\upsilon K_{\mathrm{II}}^2+2\upsilon K_{\mathrm{I}}^2-7K_{\mathrm{II}}^2-K_{\mathrm{I}}^2+2K_{\mathrm{II}}^2\cos^2\alpha$$
$$-2K_{\mathrm{I}}^2\cos^2\alpha-4K_{\mathrm{I}}K_{\mathrm{II}}\sin\alpha\cos\alpha) \tag{3-14}$$

由式（3-8）和式（3-13）可以得到平面应力状态下任意角度的 J

$$J=\frac{1}{4E}[(1-\upsilon)(K_{\mathrm{I}}^2-K_{\mathrm{II}}^2)\cos\alpha+K_{\mathrm{I}}^2+7K_{\mathrm{II}}^2+2(1-\upsilon)K_{\mathrm{I}}K_{\mathrm{II}}\sin\alpha-\upsilon(K_{\mathrm{I}}^2-K_{\mathrm{II}}^2)$$
$$+2(1+\upsilon)(K_{\mathrm{I}}^2-K_{\mathrm{II}}^2)\cos^2\alpha+4(1+\upsilon)K_{\mathrm{I}}K_{\mathrm{II}}\sin\alpha\cos\alpha] \tag{3-15}$$

类似地，由式（3-9）和式（3-14）可以得到平面应变状态下任意角度的 J：

$$J=\frac{1}{4E}[(1-\upsilon)(K_{\mathrm{I}}^2-K_{\mathrm{II}}^2)\cos\alpha+K_{\mathrm{I}}^2+7K_{\mathrm{II}}^2+2(1-\upsilon)K_{\mathrm{I}}K_{\mathrm{II}}\sin\alpha-\upsilon(K_{\mathrm{I}}^2-K_{\mathrm{II}}^2)$$
$$+2(1+\upsilon)(K_{\mathrm{I}}^2-K_{\mathrm{II}}^2)\cos^2\alpha+4(1+\upsilon)K_{\mathrm{I}}K_{\mathrm{II}}\sin\alpha\cos\alpha-4\upsilon^2K_{\mathrm{I}}K_{\mathrm{II}}\sin\alpha$$
$$-2\upsilon^2(K_{\mathrm{I}}^2-K_{\mathrm{II}}^2)\cos\alpha-\upsilon^2(2K_{\mathrm{I}}^2+6K_{\mathrm{II}}^2)] \tag{3-16}$$

特别地，当 $\alpha=0$ 时，即局部坐标系和整体坐标系平行时，
平面应力问题时

$$J=\frac{1}{E}(K_{\mathrm{I}}^{2}+K_{\mathrm{II}}^{2})=G \tag{3-17}$$

平面应变问题时

$$J=\frac{(1-\upsilon^{2})}{E}(K_{\mathrm{I}}^{2}+K_{\mathrm{II}}^{2})=G \tag{3-18}$$

上面推导了任意角度复合型 Griffith 裂纹 J 积分与 K_{I} 和 K_{II} 的关系，其中式（3-17）和式（3-18）是将裂纹置于水平方向的特例。

3.2.3 FEM 和 SBFEM 两种数值方法的验证

1. 算例介绍

下面用 FEM 和 SBFEM 来验证上面推导的 J 积分与 K_{I} 和 K_{II} 的关系式（3-15）和式（3-16）的正确性［只验证平面应变问题，即式（3-16）］。同时将 SBFEM 计算 J 积分的结果和 FEM 的结果进行对比，来验证 SBFEM 在计算 J 积分方面的适用性及优势，并且对不同的积分路径对 J 积分求解的影响进行了分析。如图 3-2（a）所示，无限板中 Griffith 裂纹的长度 $2a$，与拉伸应力方向成 β 角，与水平方向成 α 角，其两端作用的拉伸应力为 σ，对应的应力强度因子可以用式（3-19）解析表达

$$K_{\mathrm{I}}=\sigma\sqrt{\pi a}\sin^{2}\beta;\qquad K_{\mathrm{II}}=\sigma\sqrt{\pi a}\sin\beta\cos\beta \tag{3-19}$$

如图 3-2（b）所示的计算模型被用来近似模拟如图 3-2（a）所示的裂纹，其中模型的长和宽各为 $l=10$，上边界承受 $\sigma=1$ 的分布力，下边界约束。该模型的材料属性为：弹性模量 $E=1.0$；泊松比 $\upsilon=0.3$。

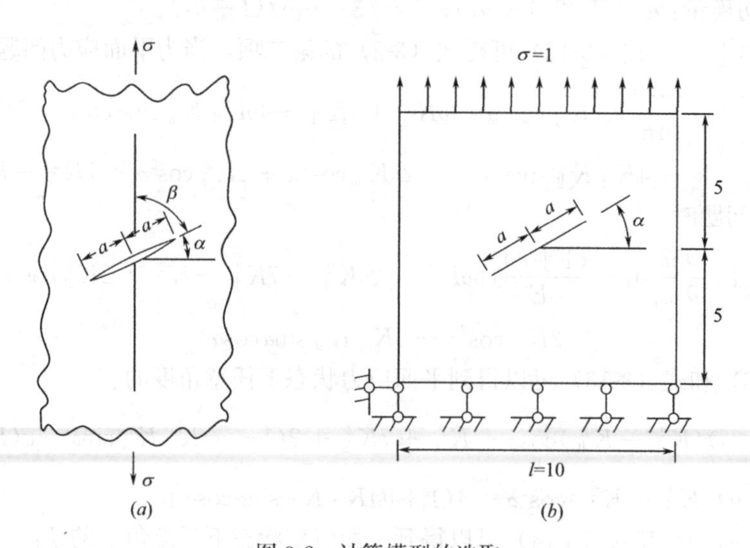

图 3-2　计算模型的选取

（a）受拉作用的 Griffith 裂纹；（b）矩形板中的斜裂纹

2. 计算模型的简化和参数

如图 3-3 所示，三种裂纹长度和网格被用来进行对比计算，它们的原点都选在模型中

心处。在 a 模型中，裂纹长 $a=2$，$l/a=5$，结构被分为对称的 2 个超单元，而每个超单元只在边界上用三节点单元进行离散；从图 3-3（a）可以看出，结构被离散为 60 个单元（单元长度为 $l^e=1$），共计 100 个节点。在 b 模型中，裂纹长 $a=1$，$l/a=10$，采用和模型 a 一样的拓扑关系。在 c 模型中，裂纹长 $a=0.5$，$l/a=20$，单元加密一倍（单元长度为 $l^e=0.5$），这时模型共有 120 个单元，200 个节点。

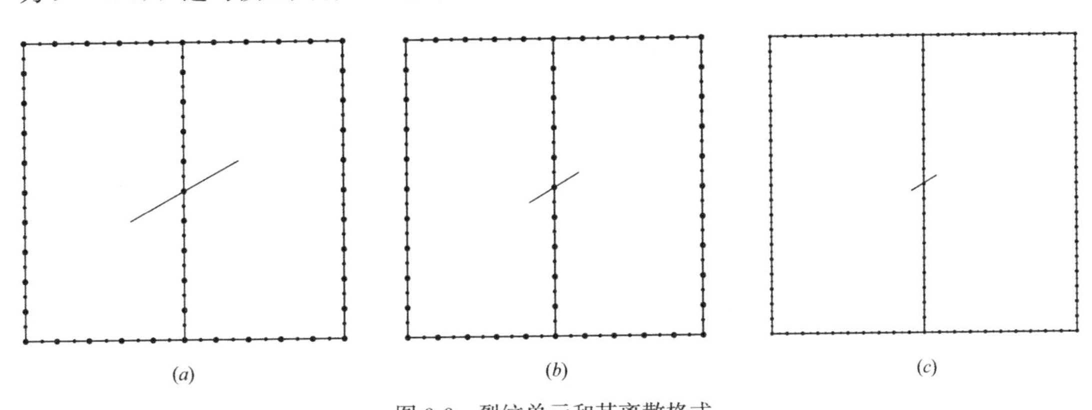

图 3-3　裂纹单元和其离散格式

（a）$a=2$；$l/a=5$；（b）$a=1$；$l/a=10$；（c）$a=0.5$；$l/a=20$

当 α：$-90°\to0°$ 和 $0°\to90°$ 时，J 积分值的变化规律是相同的，所以只对 α：$0°\to90°$ 进行分析（增量为 1°），而在后面的误差分析中，由于相似中心离超单元边界太近会影响精度，只对 α：$0°\to60°$ 进行分析。

此时 2 个超单元的相似中心的坐标分别为（$-a\cos\alpha$，$-a\sin\alpha$），（$a\cos\alpha$，$a\sin\alpha$）。相应地，式（3-19）变为

$$K_{\mathrm{I}}=\sigma\sqrt{\pi a}\cos^2\alpha;\qquad K_{\mathrm{II}}=\sigma\sqrt{\pi a}\sin\alpha\cos\alpha \tag{3-20}$$

3. 基于 SBFEM 的数值验证及精度分析

下面首先用 SBFEM 按照 J 积分的定义式（3-2）来验证上一节推导的 J 积分与 K_{I} 和 K_{II} 的关系式（3-16）的正确性。式（3-2）的计算所需的应力 σ、应变 ε 和位移 u 可以按第二章的式（2-89），式（2-31）和式（2-88）进行计算。如图 3-4 所示，对于模型 a 和模型 b，分别按 $\xi=0.25$；0.1；0.05；0.01，4 条积分路径进行了 J 积分计算；而对于模型 c，只计算 $\xi=0.1$；0.05；0.01 这 3 条积分路径。计算结果如图 3-5 所示。

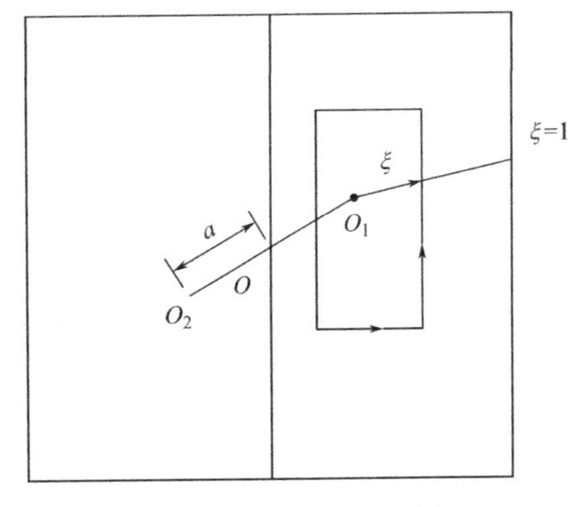

图 3-4　不同的积分路径

从结果可见（图 3-5），对于模型 c，此时 $l/a=20$，J 积分的计算值才能和其理论解较好地吻合。模型 a（$l/a=5$）的计算值与理论解相差比较大；对于模型 b（$l/a=10$），它的计算值与理论解的偏差也达到 10%以上。由此可见，计算边界要选择在距离裂纹尖端足够远处。这是因为理论解是按无限域中的 Griffith 裂纹进行推导的。此外，网格的细化也会提高计算精度。例如在模型 c 中，当边界离散单元长度 $l^e=a=0.5$ 时，J 积分的计

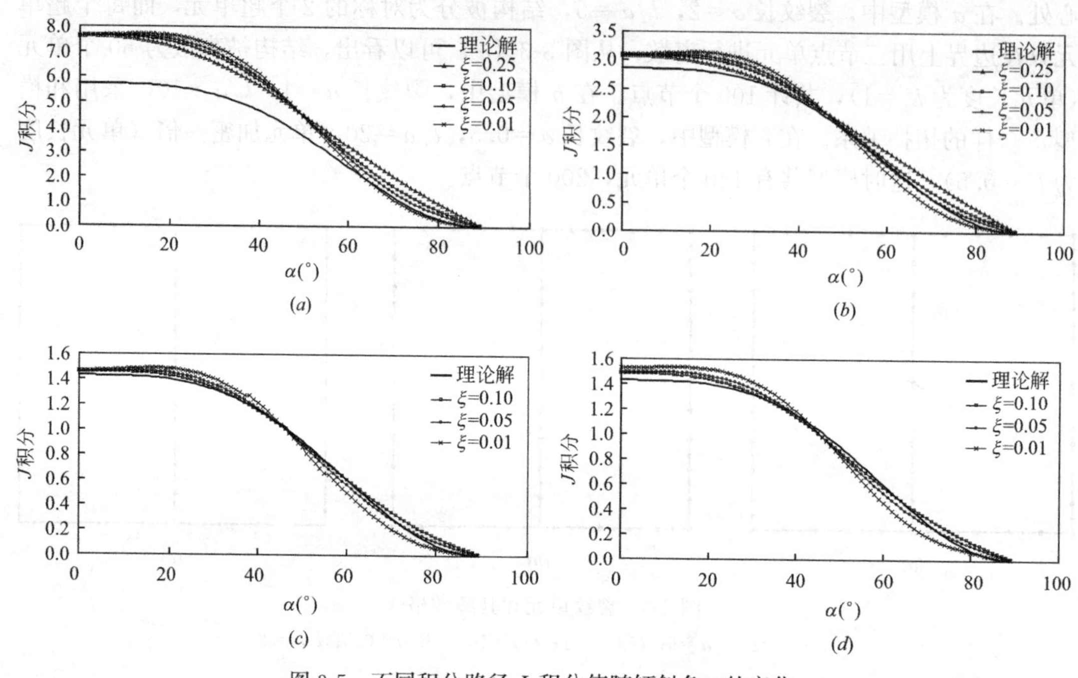

图 3-5　不同积分路径 J 积分值随倾斜角 α 的变化

（a）$a=2.0$；$l/a=5$；（b）$a=1.0$；$l/a=10$；（c）$a=0.5$；$l/a=20$；$l^{e}=a$；（d）$a=0.5$；$l/a=20$；$l^{e}=2a$

算值与其理论解的偏差不超过 2.5%（图 3-6a）。但若单元长度增加一倍，达到 $l^{e}=2a=1.0$，其计算结果如图 3-5（d）所示，这时，计算值与理论值的偏差就可能增加到 4.5%（图 3-6b）。

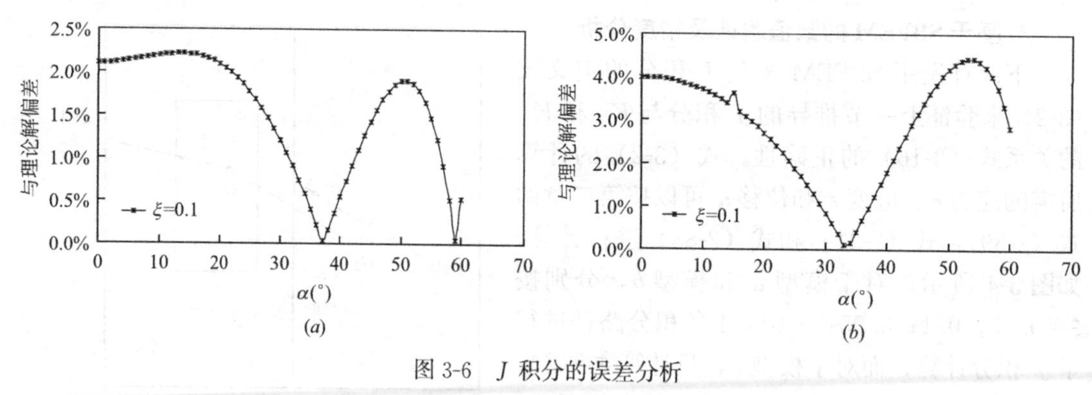

图 3-6　J 积分的误差分析

（a）$a=0.5$；$l/a=20$；$l^{e}=a$；（b）$a=0.5$；$l/a=20$；$l^{e}=2a$

理论上说，J 积分的计算值与路径无关，这是针对真实无限域中的 Griffith 裂纹问题而言的。在实际的数值计算过程中，在边界距离和单元尺寸一定的条件下，不同的计算路径会在一定程度上影响计算结果的精度。积分路径原则上得选在裂纹尖端附近，但是，在单元尺寸一定的条件下，裂纹尖端附近位移场、应力场的精度是有限的，所以一般会存在一个最佳逼近路径。如图 3-5 所示，在模型 c 的条件下，$\xi=0.1$ 时（相应的 $l^{e}=a=0.5$）效果最佳。这时，J 积分值与其理论解的偏差随裂纹的偏转角 α 的变化如图 3-6（a）所示，最大偏差均小于 2.5%。

根据以上的算例分析可知，用 SBFEM 按 J 积分定义进行断裂能的计算分析，当计算边界的选择满足 $l/a \geqslant 20$，单元尺寸的选择满足 $l^e \leqslant a$，而积分路径与裂纹尖端的距离 $\xi=0.1$ 时，J 积分的计算精度可以得到保障。

4. 基于 FEM 的数值验证及精度分析

FEM 也被用于验证 J 积分的求解式（3-16）的正确性，应力 σ、应变 ε 以及位移 u 场用 ANSYS 计算并输出。采用的单元剖分和积分路线如图 3-7 所示，裂纹长 $a=1.0$，而 α 分别取 30°和 45°。为了提高求解的精度，对裂纹尖端附近的网格进行了加密。当 $\alpha=30°$ 时，结构共剖分了 1743 个单元，共 3666 个自由度。J 积分理论解为 2.64，按第 1 条积分路径计算求得的 J 积分值为 2.51，绝对误差为 0.13，相对误差为 4.92%。第 2 条积分路径的 J 积分计算值为 2.52，绝对误差为 0.12，相对误差为 4.68%。当 $\alpha=45°$时，结构共剖分了 1811 个单元，共计 3794 个自由度。J 积分理论解为 2.09，第 1 条积分路径的 J 积分计算值为 2.17，绝对误差为 0.08，相对误差为 3.69%；第 2 条积分路径的 J 积分计算值为 2.05，绝对误差为 0.04，相对误差为 1.91%。从对上面计算结果的分析可以看出，计算路径的不同对计算结果的精度产生一定的影响，其结论和前面 SBFEM 计算 J 积分的结论一致。

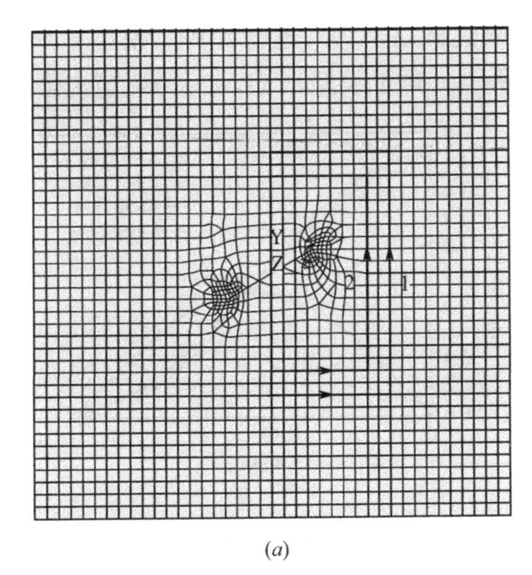

(a)

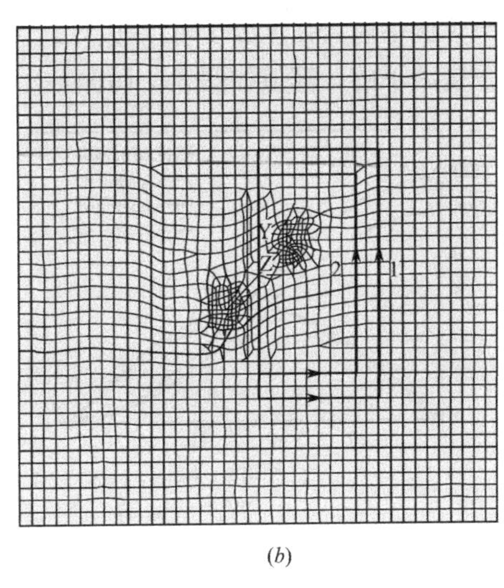

(b)

图 3-7 ANSYS 单元网格及积分路径的选取

(a) $\alpha=30°$；(b) $\alpha=45°$

5. FEM 和 SBFEM 方法的比较

通过上面的计算分析可以看出，用 SBFEM 和 ANSYS 的计算结果和推导得到的式（3-16）计算的结果都符合的非常好，特别是 SBFEM 采用模型 c 的 $\xi=0.01$ 积分回路，其计算结果误差小于 2.5%。由此可以验证 J 积分计算式（3-16）的推导是正确的。但是我们在应用 ANSYS 进行计算时需要超过 1700 个单元，3600 多个自由度数，而用 SBFEM 进行计算时，即使进行了单元加密也需要 120 个线单元，共 400 个自由度。除此之外，用 ANSYS 进行 J 积分计算时，每一次改变裂纹长度和偏转角度都要重新剖分网格；而用 SBFEM 进行计算时，只需要计算新的相似中心的坐标而不需要再改变网格，大大降低了工作量，这是应用 SBFEM 计算 J 积分的优势之一。

3.3 断裂能与应力强度因子之间关系的应用

在 3.2 节推导了复合型裂纹断裂能计算的 J 积分与应力强度因子之间的关系，在验证它们关系的时候，基于 J 积分的基本定义，我们使用了 SBFEM 和 FEM 两种方法来进行 J 积分的计算。从前面的计算分析可以知道，SBFEM 在用 J 积分的定义来计算断裂能时，表现出了很大的优势，然而在很多情况下，应力强度因子的求解要比进行 J 积分计算来得容易。所以可充分发挥 SBFEM 能够半解析地求解应力强度因子的优势，利用 3.2 节推导的 J 积分与应力强度因子关系式来求解结构的断裂能。

3.2 节的无限板中 Griffith 裂纹继续被用来作为研究对象（图 3-2），它的尺寸、材料属性、裂纹长度及倾斜角同 3.2 节保持一致。网格剖分和单元尺寸如图 3-3 所示，也同 3.2 节相同。

3.3.1 SBFEM 求解应力强度因子

第 2 章已经对 SBFEM 中应力强度因子进行了详细地介绍，它的计算公式如式（2-94）所示。算例中应力强度因子可以按 3.2 节的解析表达式（3-20）进行计算。模型 a～c 的应力强度因子的计算值如图 3-8（a）～3-8（c）所示。对于模型 a（$l/a=5$），应力强度因

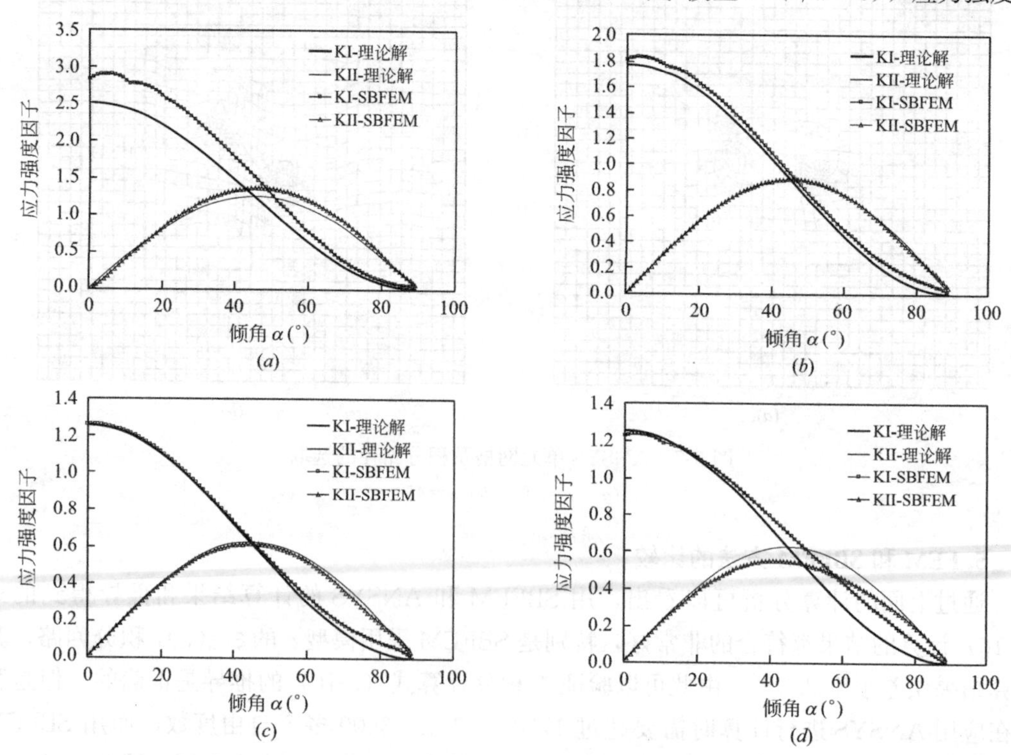

图 3-8 应力强度因子随裂纹倾斜角 α 的变化

（a）$a=2.0$；$l/a=5$；（b）$a=1.0$，$l/a=10$；（c）$a=0.5$；$l/a=20$；$l^e=a$；（d）$a=0.5$；$l/a=20$；$l^e=2a$

子K_{I}和K_{II}的计算值与理论解相差相当大；而模型b（$l/a=10$）K_{I}和K_{II}的计算值与理论解的偏差也高达14%。模型c中K_i的计算值和理论解相符得比较好，K_{I}的偏差不超过7%，而K_{II}的偏差则不超过4%（图3-9a）。从上面的分析可以看出，为了保证应力强度因子的精度，结构的外边界要离裂纹尖端足够远（更真实地模拟无限域）。此外，单元尺寸的大小也会对计算精度产生很大影响。例如，单元长度增加一倍（$l^e=2a=1.0$），其计算结果如图3-8（d）所示，K_{I}和K_{II}的最大偏差皆超过15%（图3-9b），所以单元长度$l^e\leqslant a$被建议。这些结论和3.2节计算J积分时的结论一致。

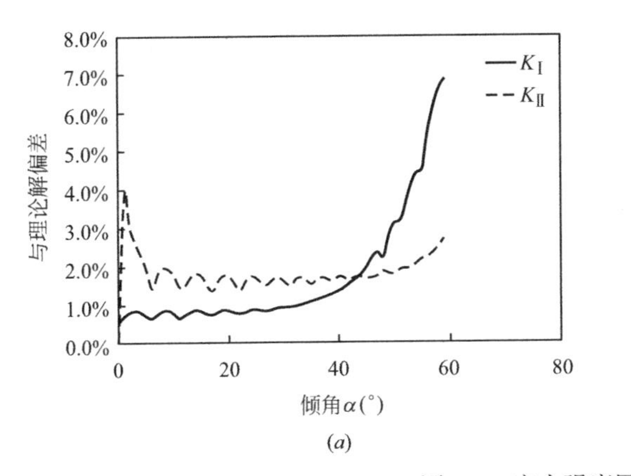

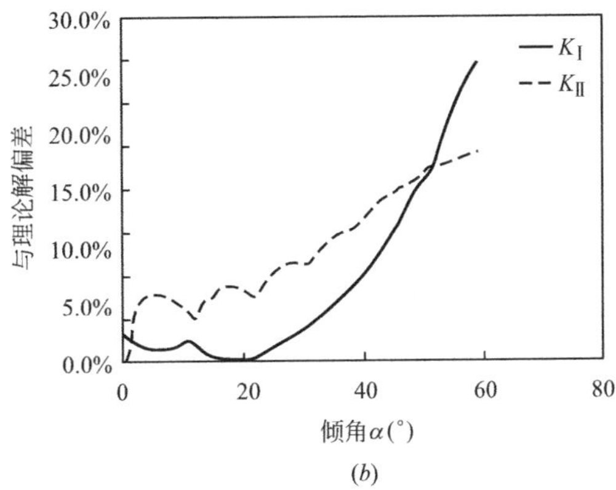

图3-9 应力强度因子的误差分析

（a）$a=0.5$；$l/a=20$；$l^e=a$；（b）$a=0.5$；$l/a=20$；$l^e=2a$

3.3.2 J积分的求解

在3.3.1节中，已经基于SBFEM计算了裂纹的应力强度因子，根据公式（3-16）即可求出J积分，其结果如图3-10所示。模型a～c及单元长度加倍的模型c的J积分值随裂纹倾斜角α的变化规律和3.3.1节中规律相同，其计算结果精度比按J积分定义计算结果更高。例如，对于模型b，按式（3-16）求解的J积分计算值与理论值的误差最大也达7.68%，却低于按定义计算的10%；对于模型c，当$l^e=a=0.5$时，按式（3-16）求解的误差仅1.7%，也低于按定义求解的2.5%（图3-11a），而当$l^e=2a=1.0$时，按式（3-16）求解的误差却达12.7%（图3-11b）。

3.3.3 基于新网络J积分和应力强度因子的求解

前面在用SBFEM计算J积分和应力强度因子时，只对裂纹倾斜角$\alpha<60°$的结果进行了误差分析，是由于$\alpha>60°$时超单元的相似中心离边界太近导致单元奇异。如图3-12所示，我们对模型c重新进行超单元的划分，单元长度取$l^e=a=0.5$。对于裂纹倾斜角$45°\leqslant\alpha\leqslant90°$的情况，我们对$J$积分和应力强度因子的计算结果见图3-13（$a$）和图3-13（$b$），误差分析见图3-13（$c$）和图3-13（$d$）。如图3-13（$a$）和图3-13（$b$）所示，计算曲线和理论值曲线几乎重合，其中，$K_{\mathrm{I}}$的最大误差小于2.9%，$K_{\mathrm{II}}$的最大误差小于1.4%，而$J$积分最大误差更是小于0.5%。由此可见，超单元的划分对J积分和应力强度因子的计算精度有重要影响，所以对结构进行合理的超单元划分是十分必要的。

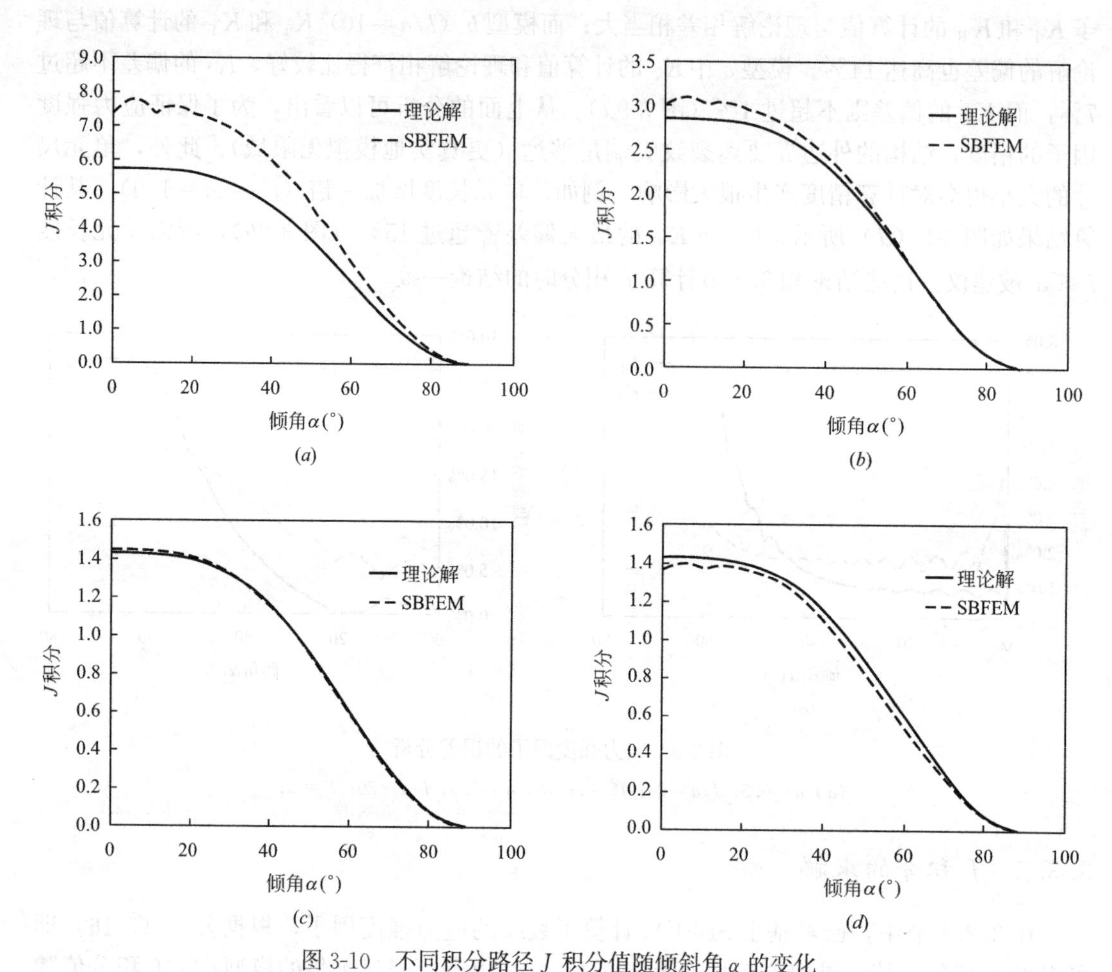

图 3-10 不同积分路径 J 积分值随倾斜角 α 的变化

(a) $a=2.0$；$l/a=5$；(b) $a=1.0$；$l/a=10$；(c) $a=0.5$；$l/a=20$；$l^e=a$；(d) $a=0.5$；$l/a=20$；$l^e=2a$

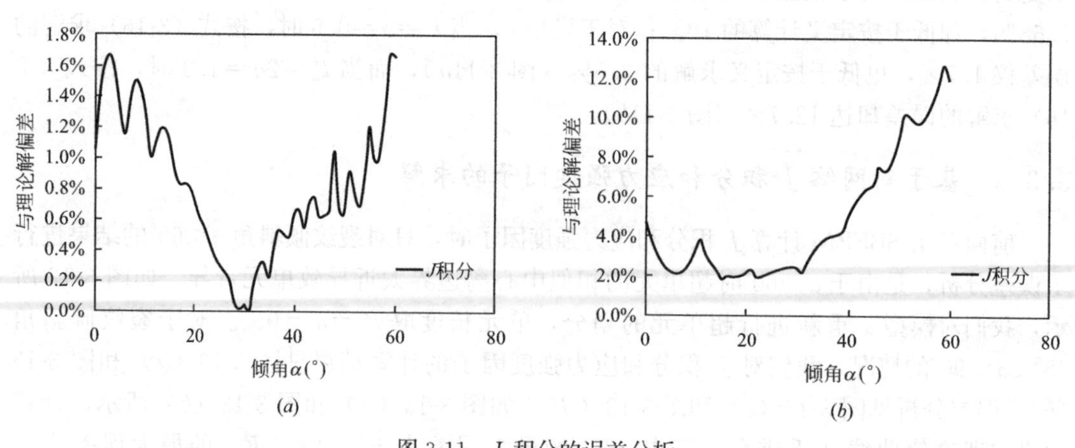

图 3-11 J 积分的误差分析

(a) $a=0.5$；$l/a=20$；$l^e=a$；(b) $a=0.5$；$l/a=20$；$l^e=2a$

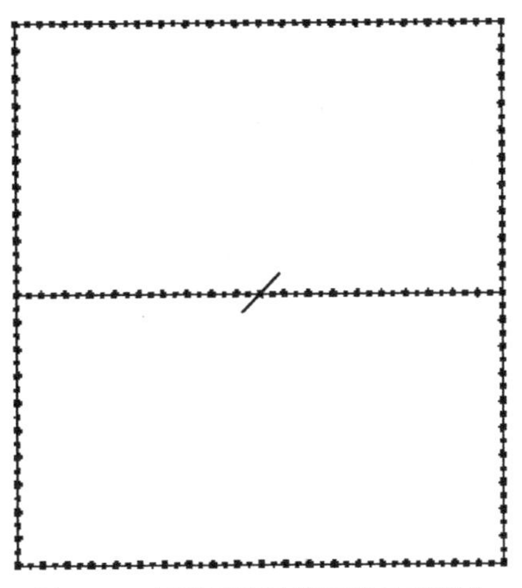

图 3-12 超单元及计算网格的重剖分

(a=0.5；l/a=20；l^e=a)

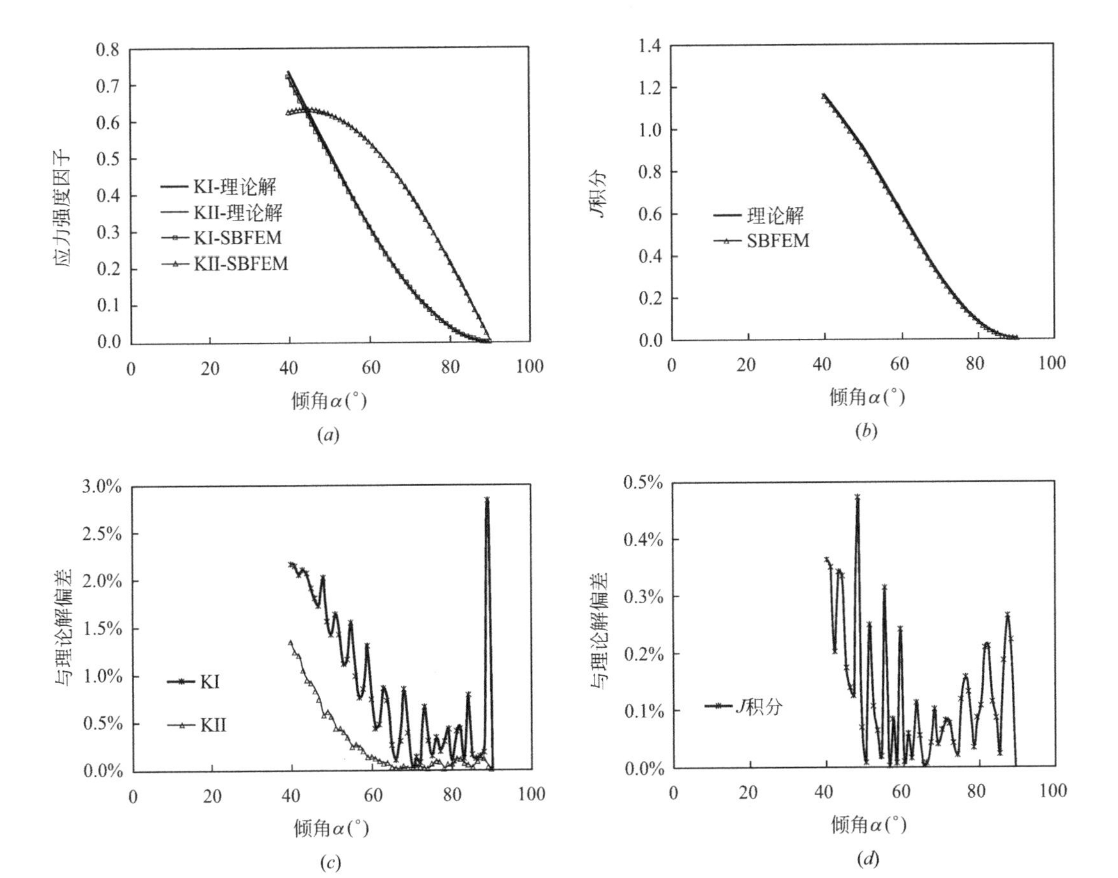

图 3-13 基于新超单元和网格的应力强度因子和 J 积分的计算及误差分析

(a) 应力强度因子随裂纹倾斜角 α 的变化；(b) J 积分值随倾斜角 α 的变化；

(c) 应力强度因子的误差分析；(d) J 积分的误差分析

3.4 结论

本章在前人研究的基础上，根据 J 积分的定义详细地推导了不同倾斜角的Ⅰ-Ⅱ复合型 Griffith 裂纹 J 积分与应力强度因子 K_{I}、K_{II} 的关系，得到了线弹性材料求解断裂能的新方法。根据 J 积分的定义，SBFEM 和 FEM 两种方法数值被用于计算 J 积分的值，数值算例验证了本书推导的关系式的正确性。从两种方法求解 J 积分的过程及结果分析容易看出，相比较 FEM 在求解不同裂纹倾斜角和裂纹长度的 J 积分时需要进行网格重剖分，SBFEM 每一次计算仅需要改变超单元的相似中心坐标，而且，用 SBFEM 进行计算时，只需在边界用一维线单元进行离散，进而总体的自由度数比 FEM 要少得多。此外，为了保证求解裂尖的奇异性问题的精度，FEM 还需要在裂尖周围进行网格加密，影响了计算效率。算例中还对不同的单元尺寸，以及不同的积分路径等影响计算精度的因素也进行了详细地分析。

将推导的 J 积分与应力强度因子的关系式用于线弹性材料断裂能的求解，通过与根据定义求解 J 积分的比较可知：用关系式求解时，不需要在裂纹尖端附近进行积分计算，充分发挥了 SBFEM 求解应力强度因子的优势，过程方便结果更加精确。另外，单元尺寸及超单元的划分对应力强度因子和 J 积分皆有很大地影响，计算时需要注意。

4 用 SBFEM 超单元重剖分技术来模拟混凝土梁黏聚裂纹的扩展

4.1 引言

最近几年，已有相当多的研究工作致力于准脆性材料（混凝土）结构裂纹扩展的模拟。LEFM-based 或 NFM-based 的离散裂纹模型用于预测混凝土结构中的裂纹扩展，其中选择 LEFM 还是 NFM 取决于 FPZ 相对于结构的尺寸。FEM 和 BEM 离散裂纹模型因为它们各自的优点成为断裂分析中两个最常用的模型。其中 FEM 模型需要加密裂纹尖端网格或引进奇异单元来精确地计算奇异应力和应力强度因子等断裂参数，这严重地加剧了网格重剖分操作的复杂性。BEM 模型因为只需在边界进行离散避免大面积网格重剖分，进而在裂纹分析中取得了重要成功。但是，BEM 需要基本解，而且解的形式通常都很复杂，这些缺点弱化了它的优势。无网格类方法（Meshfree/ Meshless Methods）因为自己的特点在很多方面颇具吸引力，也受到学者们越来越高的重视。扩展有限元（XFEM）本质上属于无网格方法，因为不需要网格重剖分，在模拟黏聚力裂纹扩展时显示出了巨大的潜力。然而，在裂纹扩展路径初始未知的情况下，为了精确地求解应力奇异问题和预测裂纹扩展路径，需要密集的初始网格。

由 Wolf 和 Song 提出的 SBFEM 是一种半解析的方法，兼具 FEM 和 BEM 的优点。只需要在计算边界和超单元共同边界离散，因此，空间维数降了一维。对于应力奇异问题，不需要在裂纹尖端加密网格和引入奇异单元就能够精确地获得应力强度因子，轻松解决其他数值方法在求解该问题时所面临的困难。因为 SBFEM 这一优势，很多研究者在断裂问题方面进行了卓有成效的研究。Yang 和 Deeks 提出了 FEM-SBFEM 耦合的方法来模拟黏聚裂纹扩展，在他们的研究中，通过在 SBFEM 网格中插入 CIEs 来进行非线性分析，进而模拟混凝土的 FPZ，而仍然使用 LEFM 来预测裂纹路径。Ooi 和 Yang 又将该方法拓展到混凝土梁、钢筋混凝土梁的裂纹扩展和多裂纹扩展的研究中。但是，该方法在模拟裂纹扩展过程中，随着裂纹的扩展，新生成裂纹边界变得扭曲复杂，很难满足超单元的可视条件，因此，对于复杂结构模型，该方法应用起来仍有一定难度。

本章在前人研究的基础上，根据 SBFEM 特点及求解应力奇异问题的优势，提出了超单元重剖分技术，并将其用于模拟混凝土梁的Ⅰ型和Ⅰ-Ⅱ复合型裂纹扩展。这种新的模拟裂纹扩展的方法只需简单地将裂纹途经的超单元一分为二，并在新形成的两裂纹面上生成成对的节点。新生成的超单元可以是任意尺寸和形状的多边形（仅需满足可视条件），而超单元的网格密度可以根据计算的精度要求随意布置。模拟混凝土 FPZ 能量耗散的黏聚力被视为解析表达 Side-face 力，由它引起的位移场是比例边界有限元法非齐次控制方程的特解。线性渐进叠加假设被引入简化混凝土 FPZ 的非线性求解，混凝土结构非线性断裂扩展问题被近似地简化为线弹性问题的求解。结果表明这种比例边界有限元超单元重剖分技术能够精确地描述裂纹轨迹，拓宽了比例边界有限元法对复杂结构中裂纹扩展的线性和非线性分析。

4.2 线性渐进叠加假设概念及黏聚裂纹 SIFs 的 SBFEM 计算

4.2.1 线性渐进叠加假设概念

正如 Hillerborg 等人提出的那样，外荷载与裂纹开口位移（*P-CMOD*）的非线性关系主要是混凝土结构的 FPZ 引起的。为了简化黏聚裂纹扩展的模拟，FPZ 被等效为弹性裂纹，线性渐进叠加假设被用于简化 FPZ 的非线性求解。

在这种线弹性简化的方法中，假设永久变形为零，如图 4-1（*a*）所示，即非弹性部分 $COMD_b^P$ 的影响被忽略，这样如图 4-1（*a*）所示真实的加卸载轨迹简化为如图 4-1（*b*）所示虚拟的加卸载轨迹。这时的构件可以想象为预设了新的初始裂纹的构件，等效裂纹长度为 a_b（当然这包括有黏聚力作用的等效虚拟裂纹部分）。因此，现在 *B* 点（图 4-1*b*）就称为新构件的线弹性点，这样 LEFM 就适用于虚拟轨迹 *OB* 的分析。以此类推，相同材料和几何尺寸，不同预设裂纹长的一系列构件就会有一系列的类似于 *B* 点的线弹性点，*P-CMOD* 曲线被视为这些线弹性点的包络线。

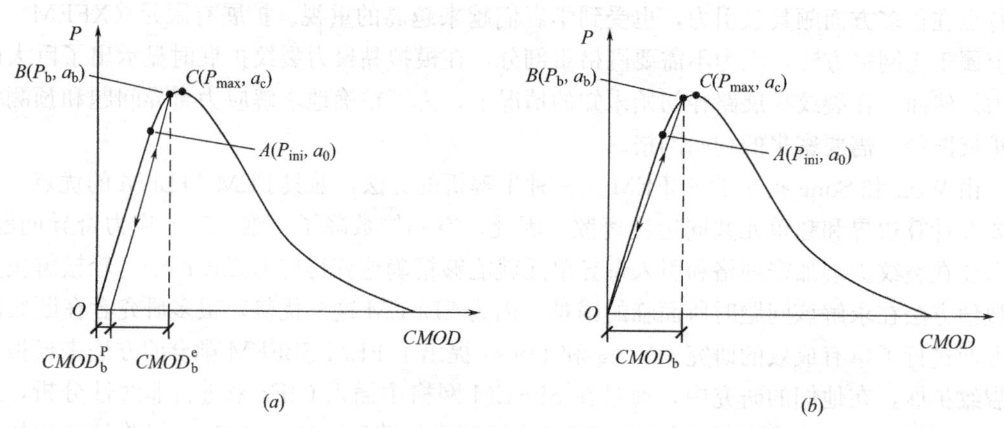

图 4-1 线性渐进叠加假设

（*a*）真实的卸载和重新加载轨迹；（*b*）虚拟的卸载和重新加载轨迹

4.2.2 黏聚裂纹 SIFs 的 SBFEM 计算

基于上面的假设，对于每个裂纹扩展步 Δa，结构所承受总荷载（图 4-2*c*）除了承受外力作用（图 4-2*b*）之外，当裂纹面的相对位移（裂纹张开位移 COD 和裂纹滑动位移 CSD）没有超出它们的限值（图 4-3*a* 和 4-3*b* 中的 w_c，图 4-3*c* 中的 s_c）时，还要承受虚拟裂纹面内的黏聚力（图 4-2*a*），如果相对位移超过限值则令黏聚力为 0。

相应地，应力强度因子从概念上讲也由两部分组成。以Ⅰ型裂纹为例，Ⅰ型应力强度因子可以表示为

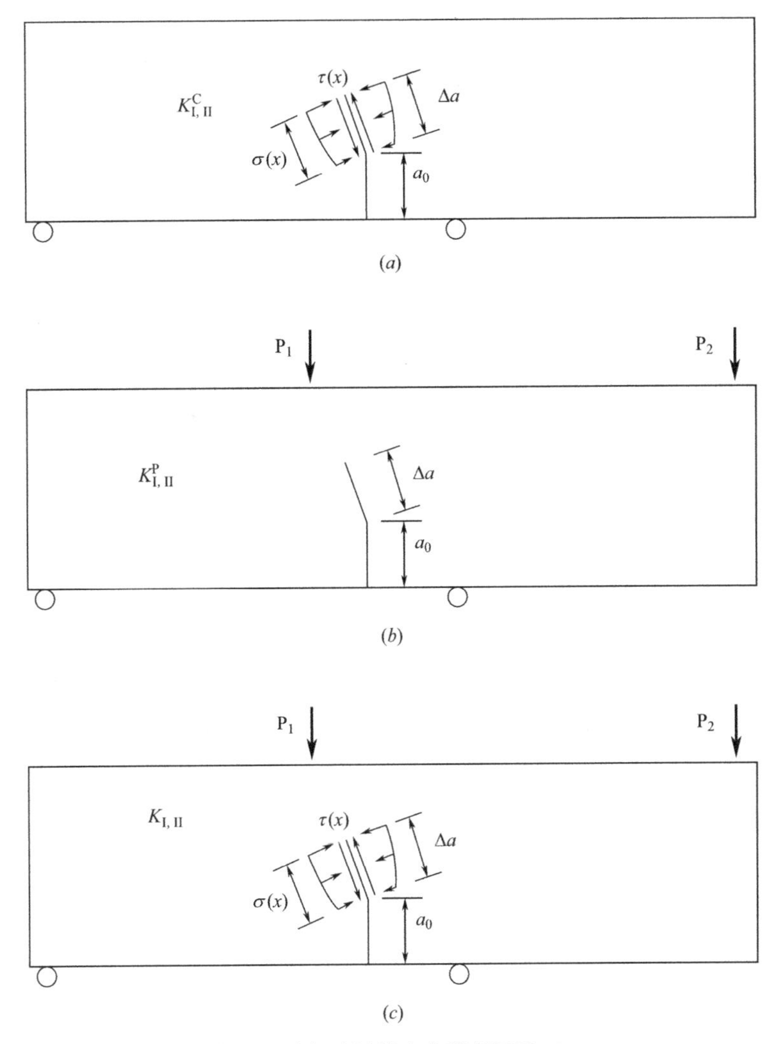

图 4-2 叠加法计算应力强度因子 $K_{I,II}$

(a) 只有黏聚力作用；(b) 只有外力作用；(c) 叠加之后

$$K_I = K_I^P + K_I^C \tag{4-1}$$

式中，K_I 代表总的应力强度因子；K_I^P 是由外力引起的分量；K_I^C 是由黏聚力引起的分量，它们仍然按照第 2 章的计算公式（2-94）来求解。当外力控制裂纹地张开，导致 $K_I^P>0$ 时，黏聚力总是趋向闭合裂纹，因此 $K_I^C<0$。这两种机制彼此相互对立。结果存在一个状态，在外力 P 作用下，断裂驱动力和断裂抗力平衡。这临界状态可用 $K_I=0$ 代表，因此，$K_I\geqslant0$ 可作为判断裂纹是否扩展的判据。

FPZ 内黏聚力的正分量 $\sigma(x)$ 是由 σ-COD 双线性软化曲线（图 4-3a）或是单线性软化曲线（图 4-3b）决定，而黏聚力的切分量 $\tau(x)$ 则被假设符合如图 4-3（c）所示 τ-CSD 的反对称关系。见图 4-3（a）～图 4-3（b），曲线下面的面积为Ⅰ型断裂能 G_{fI}，而曲线之间的面积为Ⅱ型断裂能 G_{fII} 的两倍（图 4-3c）。关键步骤是寻找裂纹面相对位移相匹配的黏聚力：①假设结构只受外力作用 P_1，这样可以求解出一个裂纹的相对位移 Δu_1，根据图 4-3 中的关系可以求出裂纹面上的黏聚力 t_1；②如图 4-2 所示，将外力 P_i 和黏聚力 t_i 共同作用于结构求解新的相对位移 Δu_{i+1}；③重复②的过程直到 t_i 和 Δu_{i+1} 的关系能够很好地符合图 4-3 中的关系，这样黏聚力的分布就确定了。

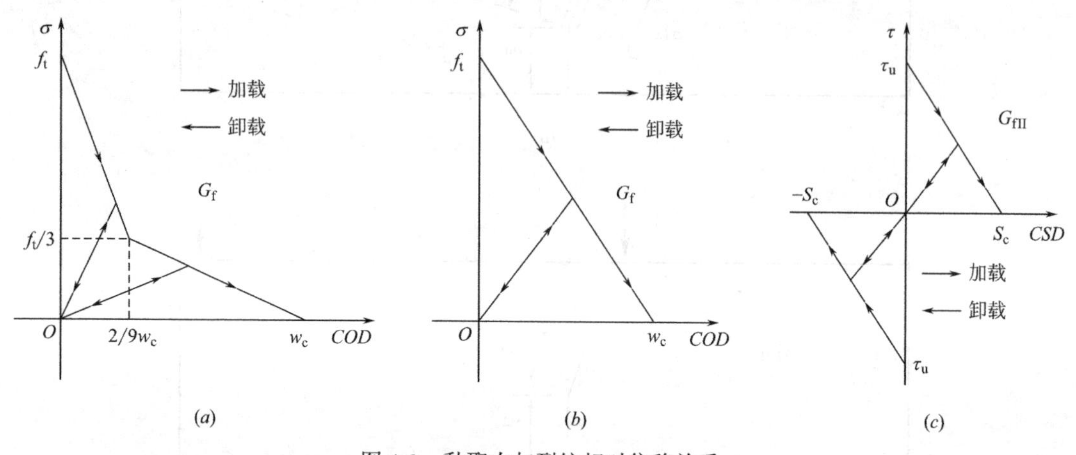

图 4-3　黏聚力与裂纹相对位移关系

(a) σ-COD 双线性关系；(b) σ-COD 单线性关系；(c) τ-CSD 关系

由裂尖超单元的黏聚力引起的位移场，用 SBFEM 进行计算。裂纹面上的黏聚力 $\{t(\xi)\}=[\sigma_n(\xi),\ \tau_n(\xi)]^{\mathrm{T}}$ 可以被当作 Side-face 力，表达式如下

$$\{F_t(\xi)\}=\sqrt{x^2+y^2}\{t(\xi)\}_\eta(\eta=-1,\ +1) \tag{4-2}$$

其中 $(x,\ y)$ 是虚拟裂纹面上相应的边界节点的坐标。

由于 Side-face 力 $\{F_t(\xi)\}$ 的出现，控制微分方程 (2-62) 变为了非齐次方程

$$[E^0]\xi^2\{u(\xi)\}_{,\xi\xi}+([E^0]-[E^1]+[E^1]^{\mathrm{T}})\xi\{u(\xi)\}_{,\xi}-[E^2]\{u(\xi)\}+\xi\{F_t(\xi)\}=0 \tag{4-3}$$

式中，$\{F_t(\xi)\}$ 可以表达为径向坐标 ξ 的幂函数

$$\{F_t(\xi)\}=\xi^j\{F_j\} \tag{4-4}$$

式中，指数 j 是任意整数；$\{F_j\}$ 为 $\xi=1$ 边界上对应值。文献 [155] 给出了式 (4-4) 位移模态的特解。

事实上，沿虚拟裂纹分布的黏聚力的实际分布要比式 (4-4) 复杂。因此，任意分布的黏聚力可以近似地用幂级数的多项式展开来表示

$$\{F_t(\xi)\}=\sum_{j=0}^{m}c_j\xi^j\{F_j\} \tag{4-5}$$

这时与之对应的位移模态和等效节点力表示为

$$\{\phi_t\}=\sum_{j=0}^{m}c_j\{\phi_j\} \tag{4-6}$$

$$\{q_t\}=\sum_{j=0}^{m}c_j\{q_j\} \tag{4-7}$$

而这时外力和黏聚力共同作用下，结构位移场和应力场的完整解为

$$\{u(\xi,\ \eta)\}=[N(\eta)]\left(\sum_{i=1}^{n}c_{1i}\xi^{-\lambda_i}\{\phi_i\}+\sum_{j=0}^{m}c_j\xi^{j+1}\{\phi_j\}\right) \tag{4-8}$$

$$\{\sigma(\xi,\eta)\}=[D](\sum_{i=1}^{n}c_{1i}\xi^{-\lambda_i-1}(-\lambda_i[B^1(\eta)]+[B^2(\eta)])\{\phi_i\}$$
$$+\sum_{j=0}^{m}c_j\xi^j((j+1)[B^1(\eta)]+[B^2(\eta)])\{\phi_j\}) \quad (4\text{-}9)$$

其中常数 c_j 由黏聚力的分布求得。

因为式（4-9）中只有奇异特征值 $\lambda_s=-0.5$ 对应的应力模态对 SIFs 有贡献，所以 SIFs 仍用式（2-94）来求解。对于作用在其他超单元的三节点小单元上（非裂尖超单元内的裂纹面上）的黏聚力，直接转化为节点荷载进行施加。

4.3 超单元重剖分技术的实现步骤

如前所述，由于 SBFEM 的半解析特性，结构虽然可以按照要求划分为任意尺寸和形状的超单元，但这并不牺牲计算的精度。此外，为了达到要求的精度，超单元每条边上节点的密度可以任意布置。而且，在计算应力强度因子时，SBFEM 不需要像 FEM 那样引入奇异单元等特殊处理，就能解析地从 $\lambda_s=-0.5$ 对应的两个奇异应力模态中萃取。考虑到这些优点，作者提出了基于 SBFEM 超单元重剖分技术模拟裂纹扩展的方法。这种重剖分方法不但最低程度地改变网格，也很好地保持 SBFEM 的普遍性和适用性。可以通过下面几个主要的步骤来实现。

1）如图 4-4（*a*）所示的计算域被用直线划分为 12 个超单元（*S*1～*S*12），每条线上的节点密度可以是任意的（为了简化，这些离散的节点没在图 4-4 中显示）。如图 4-4 所示，这时，计算域的拓扑信息可以完全地用这些直线——“控制边”和它们的交点——“控制点”（大实心圆•）来代表。为了方便讨论，除了“裂尖超单元”（图 4-4*a* 中的 *S*6 和图 4-4*b* 中①），假设其他每个超单元只有 4 个控制点和 4 个控制边。而裂纹尖端所在的“裂尖超单元”，有 6 个“控制点”（图 4-4*b* 中的 *V*1～*V*6）和 5 条“控制边”（图 4-4*b* 中的 *E*1～*E*5），在“裂尖超单元”中，相似中心被置于裂纹尖端处，如图 4-4*b* 所示的 *V*1 和 *V*6 两个控制点与相似中心的连线构成两个裂纹面。与“裂尖超单元”共用“控制点”的超单元被称为“pro-crack 超单元”（图 4-4*b* 中的②～⑥），在下一个裂纹扩展步之后，新的裂尖可能发展到任意一个“pro-crack 超单元”中。其中，①～⑥，*V*1～*V*6 和 *E*1～*E*5 是局部编号。

2）当裂纹按预测裂纹扩展角 θ_0 的方向向前扩展一个裂纹增量长度 Δa 时，多边形的“裂尖超单元”首先被劈为两个小的多边形超单元，而 SBFEM 在生成这些多边形超单元的网格时有自己的优势。如图 4-4*b* 所示，新的裂尖可能发展到 pro-crack 超单元②～⑥其中一个的内部。几种可能性讨论如下：

（1）当新的裂尖发展到②（总体编号为 *S*9）内部的一点时，旧的裂尖被分开成为两个新的控制点（图 4-4*c* 中的 *V*7 和 *V*8）。新、旧两个裂尖的连线与①（总体编号为 *S*6）的控制边 *E*2 相交，其交点也被分开成为两个新的控制点（图 4-4*c* 中的 *V*9 和 *V*10）。结果，旧的超单元 *S*6 被两个新生成的普通超单元（图 4-4*c* 中的 *S*6 和 *S*13）所代替。如图 4-4*c* 所示，*S*13 有 4 条控制边（包括新生成的 *E*7 和 *E*9），如图 4-4*c* 所示，*S*6 有 6 条控制边（包括新生成的 *E*6 和 *E*8）。如图 4-4*d* 所示，新的裂尖超单元 *S*9 被用新的局部编号①来

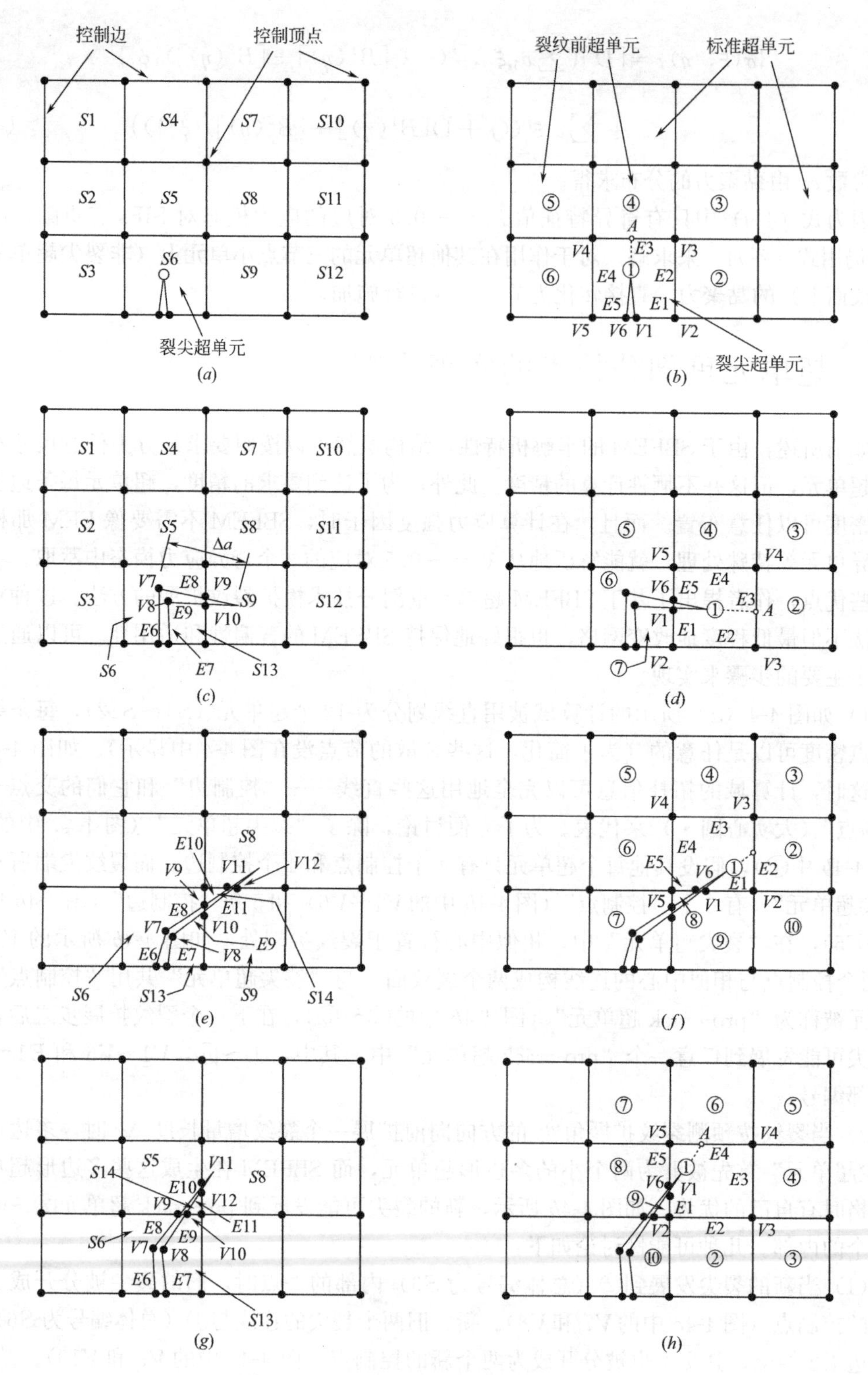

图 4-4 SBFEM 超单元重剖分的过程（一）

(*a*) 初始的超单元剖分；(*b*) 初始的裂纹前超单元分布；(*c*) 裂纹扩展情况 1；(*d*) 裂纹扩展后裂纹前超单元分布情况 1；(*e*) 裂纹扩展情况 2；(*f*) 裂纹扩展后裂纹前超单元分布情况 2；(*g*) 裂纹扩展情况 3；(*h*) 裂纹扩展后裂纹前超单元分布情况 3

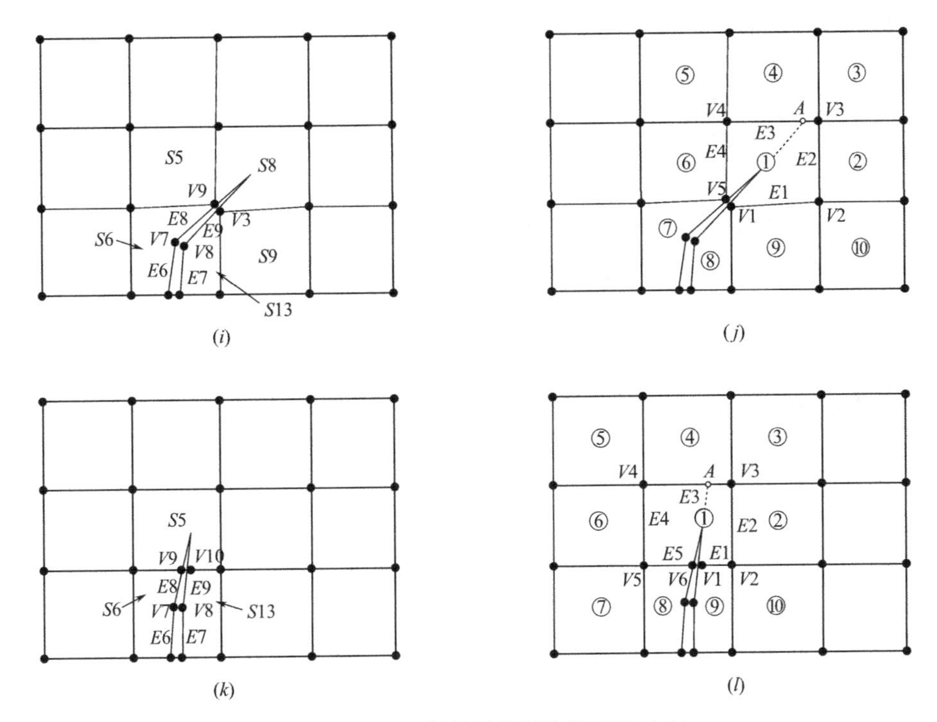

图4-4 SBFEM超单元重剖分的过程（二）

（i）裂纹扩展情况4；（j）裂纹扩展后裂纹前超单元分布情况4；

（k）裂纹扩展情况5；（l）裂纹扩展后裂纹前超单元分布情况5

更新，同样方式，新的pro-crack超单元也被用新的局部编号②～⑦来更新。此外，此时的①的控制点和控制边分别被用新的局部编号$V1$～$V6$和$E1$～$E5$来更新。

（2）当新的裂尖发展到③（总体编号为$S8$）内部的一点时，新、旧两个裂尖的连线可能与①的控制边$E2$或$E3$相交，也可能通过顶点$V3$（$E2$和$E3$的交点）。三种可能遇到情况介绍如下：

① 当裂纹路径经过①（总体编号为$S6$）控制边$E2$和③（总体编号为$S8$）的一条控制边时，新生成的超单元和其顶点信息如图4-4（e）所示，定义新的裂尖超单元和pro-crack超单元的更新符合分别参见图4-4（f）。

② 当裂纹路径经过①控制边$E3$和③的一条控制边时，新生成的超单元和更新的定义符合分别参见图4-4（g）及图4-4（h）。

③ 当裂纹路径通过顶点$V3$（$E2$和$E3$的交点）时，重剖分后的构型及信息相应地参见图4-4（i）和图4-4（j）。

（3）当新的裂尖发展到④（总体编号为$S5$）内部的一点时，最后重剖分的结果如图4-4（k）和图4-4（l）所示。

（4）新的裂尖发展到⑤或⑥等其他情况，重剖分过程完全类似。

3）对于接下来的裂纹扩展步，如2）中描述的那样，相同的重剖分过程被执行直到裂尖达到计算域的边界。这种新提出的重剖分方法能够方便地描述复杂裂纹发展的轨迹。应用SBFEM可以方便地分析多边形超单元。

4.4 计算步骤

裂纹模拟的主要步骤概括如下：

（1）对于每个裂纹扩展增量步长 Δa 来说，外荷载都是从 0 开始，经过 n 个荷载子步 ΔP 逐渐增加到 P，$P=n\Delta P$。

（2）对于每个荷载子步，基于如图 4-3 所示的 $\sigma-COD$ 和 $\tau-CSD$ 的关系，我们需要进行迭代来寻找与沿裂纹面的张开位移或滑动位移相匹配的黏聚力。

（3）对于每个迭代步，应力强度因子 K_{I} 都要通过（4-1）式计算直至满足 $K_{\mathrm{I}}\geqslant 0$。

（4）按照 4.3 节描述的那样执行网格重剖分来实现裂纹扩展一个增量步长 Δa。而裂纹扩展方向是基于 LEFM 通过最大周向拉应力准则（$\sigma_{\theta\max}$）来判断的，所谓的 LEFM 是假设 FPZ 不在传递黏聚力，即虚拟裂纹面内没有黏聚力。

（5）重复步骤（1）～（4）直到结构破坏。

4.5 数值算例及结果讨论

两个混凝土梁的数值算例被用来验证上述方法的精确性和有效性。在这两个算例中，都用 3 节点二阶线单元来离散结构。为了进行对比，LEFM-based 裂纹扩展和基于线性叠加假设的非线性裂纹扩展在下面的两个算例中都进行了计算分析。

4.5.1 三点弯曲梁

Petersson 以单边缺口的三点弯曲梁为研究对象，通过试验来研究Ⅰ型裂纹扩展的问题。FEM、BEM、XFEM 及 SBFEM 等多种数值方法被用来模拟这一问题。梁的尺寸和边界条件如图 4-5 所示。平面应力状态被假设。材料参数为：杨氏模量 $E=30\mathrm{GPa}$，泊松比 $\upsilon=0.18$，抗拉强度 $f_{\mathrm{t}}=3.33\mathrm{MPa}$，Ⅰ型断裂能 $G_{\mathrm{f}}=137\mathrm{N/m}$。本算例中裂纹路径虽然已预知，但是本书仍基于 LEFM 通过最大周向拉应力准则（$\sigma_{\theta\max}$）来预测。双线性软化曲线（图 4-3a）和线性软化曲线（图 4-3b）被用来分析和对比，由Ⅰ型断裂能 G_{f} 求得相应 CODs 的限值 w_{c} 分别为 0.148mm 和 0.0823mm。两种裂纹扩展步长 $\Delta a=20\mathrm{mm}$ 和 $\Delta a=30\mathrm{mm}$ 被用来对比分析。计算结果分别和实验结果［61］及已有文献［194］、文献［195］中的数值结果进行对比。

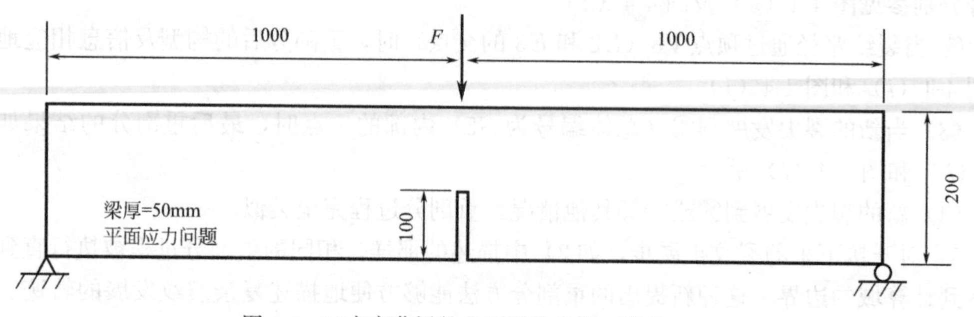

图 4-5 三点弯曲梁的Ⅰ型裂纹扩展（单位：mm）

实例1：裂纹扩展增量步长$\Delta a=30\text{mm}$。如图4-6（a）所示，整个结构在初始状态被分成18个超单元。图4-6（c）是图4-6（a）裂纹附近核心超单元（裂尖超单元$S18$和pro-crack超单元$S5$～$S17$）的细节图，详细地显示了核心超单元的网格构型及相应的控制点（用大实心圆·标识）。从图4-6（c）中可以清楚地看到$S18$是裂尖超单元，它的相似中心位于裂尖处，它用25个离散节点（用小实心圆·标识）来确保SIFs求解的精度。当裂纹实现第一步裂纹扩展后，初始的裂尖超单元被一分为二，变成了$S18$和$S19$两个小超单元，而$S17$成为新的裂尖超单元。以相同的过程相继进行，如图4-6（e）所示，是完成3个裂纹扩展步时，核心超单元$S5$～$S21$最后的网格构型和控制点信息。

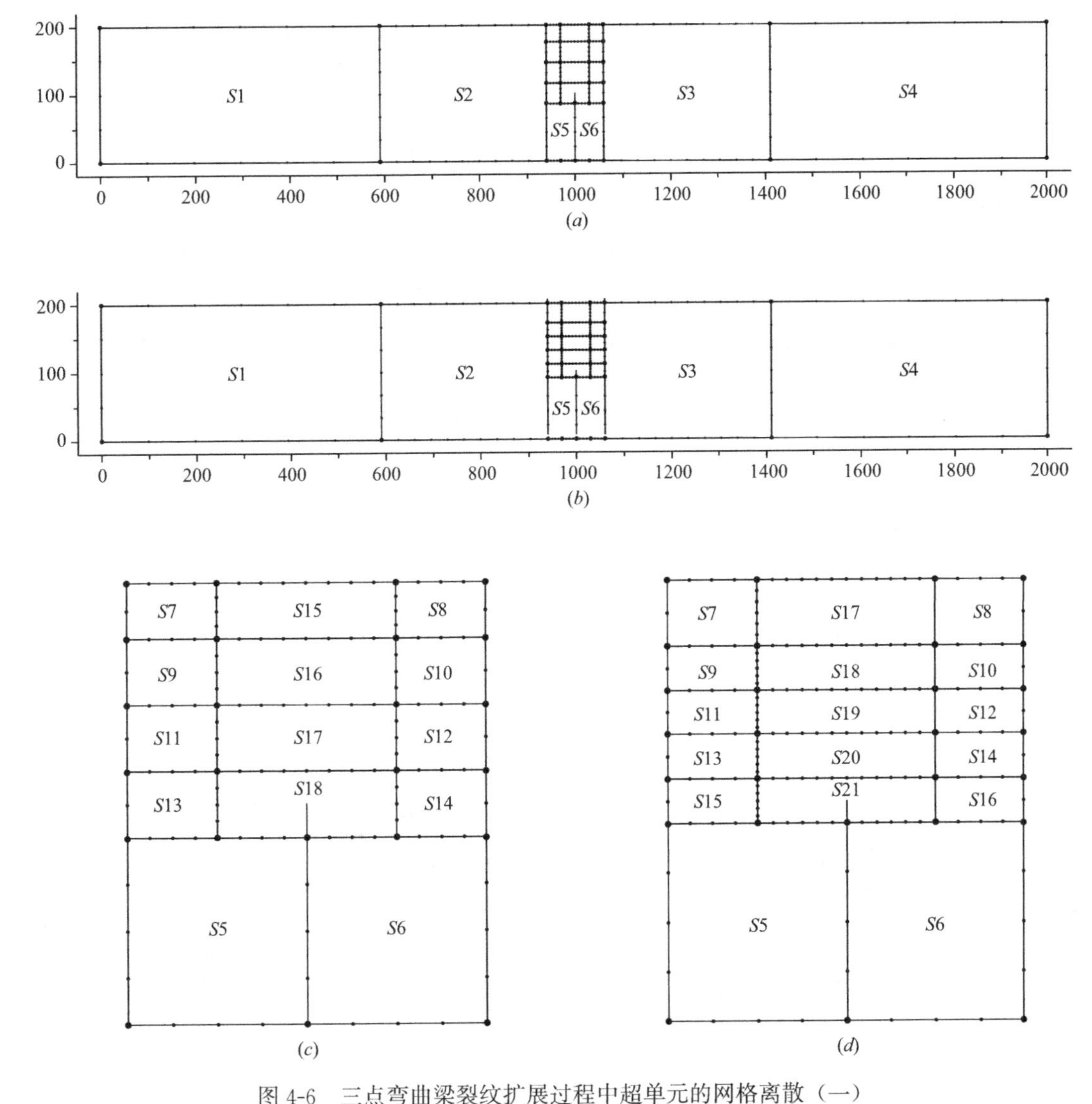

图4-6 三点弯曲梁裂纹扩展过程中超单元的网格离散（一）

（a）初始状态的超单元和网格剖分（$\Delta a=30\text{mm}$）；（b）初始状态的超单元和网格剖分（$\Delta a=20\text{mm}$）；（c）图（a）的局部细节；（d）图（b）的局部细节

(e)

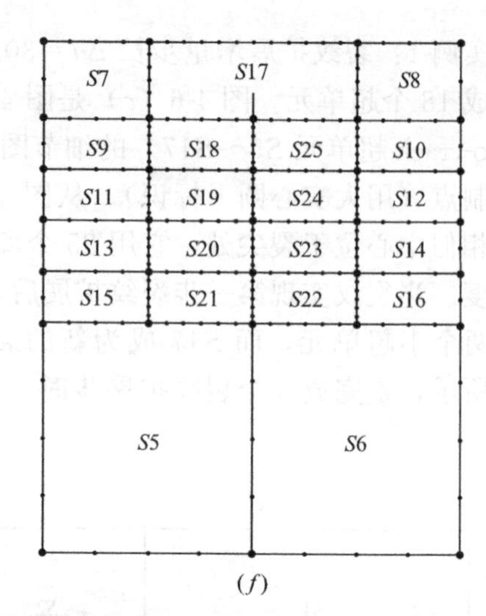

(f)

图 4-6　三点弯曲梁裂纹扩展过程中超单元的网格离散（二）

（e）最后的超单元和网格剖分（Δa＝30mm）；（f）最后的超单元和网格剖分（Δa＝20mm）

实例 2：裂纹扩展增量步长 Δa＝20mm。如图 4-6（b）所示，整个结构初始被分成 21 个超单元，其中 S21 是裂尖超单元。如图 4-6（d）所示，裂尖超单元 S21 被离散 37 个节点。完成最后一步裂纹扩展后的网格构型和控制点信息见图 4-6（f）。

从上面两个增量步长的裂纹扩展过程可以看出，在整个扩展过程中，核心超单元以外的超单元及它们的网格都是保持不变的，更新的网格仅限于裂纹路径经过的超单元。和基于 FEM 的网格重剖分过程相比，本书的方法相当简单，伴随着裂纹扩展也不会导致自由度（DOFs）大量增加。

如图 4-7（a）所示的是基于 LEFM 计算得到的不同的裂纹增量步长的荷载与加载点位移的关系曲线（Load-LPD）。本书的计算结果分别和 Petersson 的实验结果及 Yang 和 Deeks 的计算结果进行对比，从图中可以看出本书的结果和 Yang 和 Deeks 的结果符合地比较好，它们都高出实验的荷载峰值很多，这是因为 LEFM 在模拟 FPZ 的能量耗散是无能为力的。从不同的增量步长 Δa 的结果对比，可知目前的方法对 Δa 是不敏感的，证明了其客观性。基于线性渐进叠加假设，裂纹增量步长 Δa＝20mm 的计算结果如图 4-7（b）

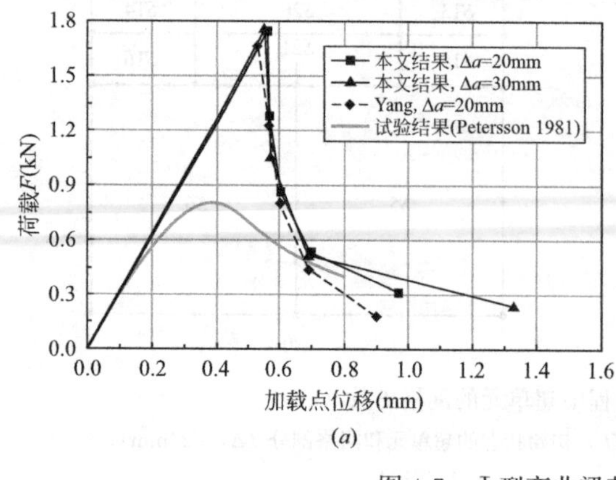

(a)

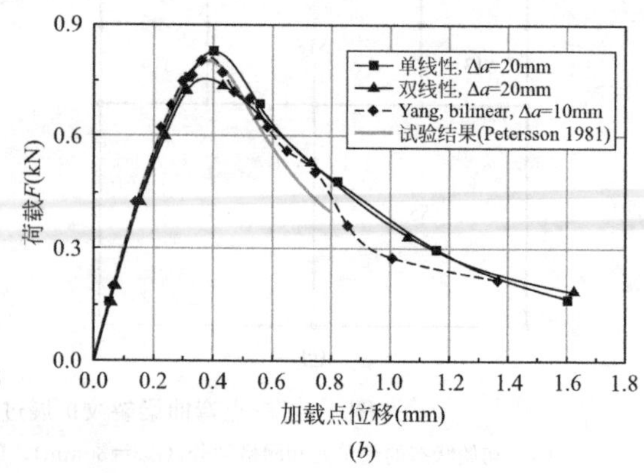

(b)

图 4-7　Ⅰ型弯曲梁荷载与加载点位移曲线

（a）LEFM-based 方法；（b）线性渐进叠加假设方法

所示。计算结果分别和 Petersson 的实验结果及 Yang 和 Deeks 的计算结果进行对比，从图中可以看出它们之间相符得比较好，说明本书线性渐进叠加假设的方法能够很好地模拟 FPZ 的能量耗散，而且同 Yang 和 Deeks 的方法相比大大节省了计算效率。从图 4-7（b）中，还可以看出用图 4-3（a）中双线性软化曲线来模拟黏聚力计算得到的 Load-LPD 关系曲线的峰值小于用单线性软化曲线（图 4-3b）来计算的结果，其规律和两条软化曲线本身的规律一致。

4.5.2 四点剪切梁

第二个算例是四点单边缺口剪切梁，它是 LEFM-based 和 NFM-based 复合型裂纹扩展分析的标准算例。Arrea 和 Ingraffea 首先对其进行试验和分析。梁的几何尺寸和边界条件如图 4-8 所示。平面应力状态被假设。材料参数为：杨氏模量 $E=24.8$GPa，泊松比 $\upsilon=0.18$，抗拉强度 $f_t=3.0$MPa，Ⅰ型断裂能 $G_f=100$N/m，Ⅱ型断裂能 $G_{fII}=0.1G_f$。LEFM-based 的结果也被提供和基于线性渐进叠加假设的结果进行对比分析。裂纹路径利用 LEFM-based 的 C_{max} 准则自动预测。双线性软化曲线（图 4-3a）和单线性软化曲线（图 4-3b）被用来分析和对比，由Ⅰ型断裂能 G_f 求得相应 CODs 的限值 w_c 分别为 0.12mm 和 0.067mm，由Ⅱ型断裂能 G_{fII} 求得相应 CSDs 的限值为 $s_c=0.02$mm。两种裂纹扩展步长 $\Delta a=40$mm 和 $\Delta a=32$mm 被用来对比分析。

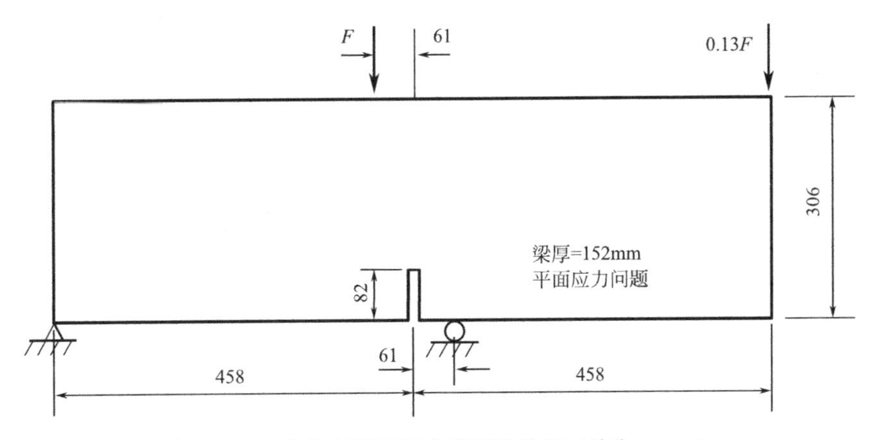

图 4-8 四点剪切梁的复合型裂纹扩展（单位：mm）

实例 1：裂纹扩展增量步长 $\Delta a=40$mm。初始的超单元和网格划分如图 4-9（a）所示，整个剪切梁被分成 31 个超单元，其中 $S31$ 是裂尖超单元。图 4-9（c）是图 4-9（a）裂纹附近核心超单元（裂尖超单元 $S31$ 和 pro-crack 超单元 $S3$～$S30$）的细节图。从图 4-9（c）中可以清楚地看到裂尖超单元 $S31$ 用 37 个离散节点来模拟裂尖奇异性。当裂纹实现第一步裂纹扩展后，初始的裂尖超单元 $S31$ 被一分为二，变成了 $S31$ 和 $S32$ 两个小超单元，而 $S19$ 成为新的裂尖超单元（图 4-9d）。以相同的过程相继进行，如图 4-9（e）所示的是完成 6 个裂纹扩展步时，核心超单元 $S3$～$S37$ 最后的网格构型和控制点信息。

实例 2：裂纹扩展增量步长 $\Delta a=32$mm。如图 4-9（b）所示，整个结构初始被分成 39 个超单元，其中 $S39$ 是裂尖超单元，它被离散 37 个节点。最终的裂纹发展路径如图 4-9（f）所示。

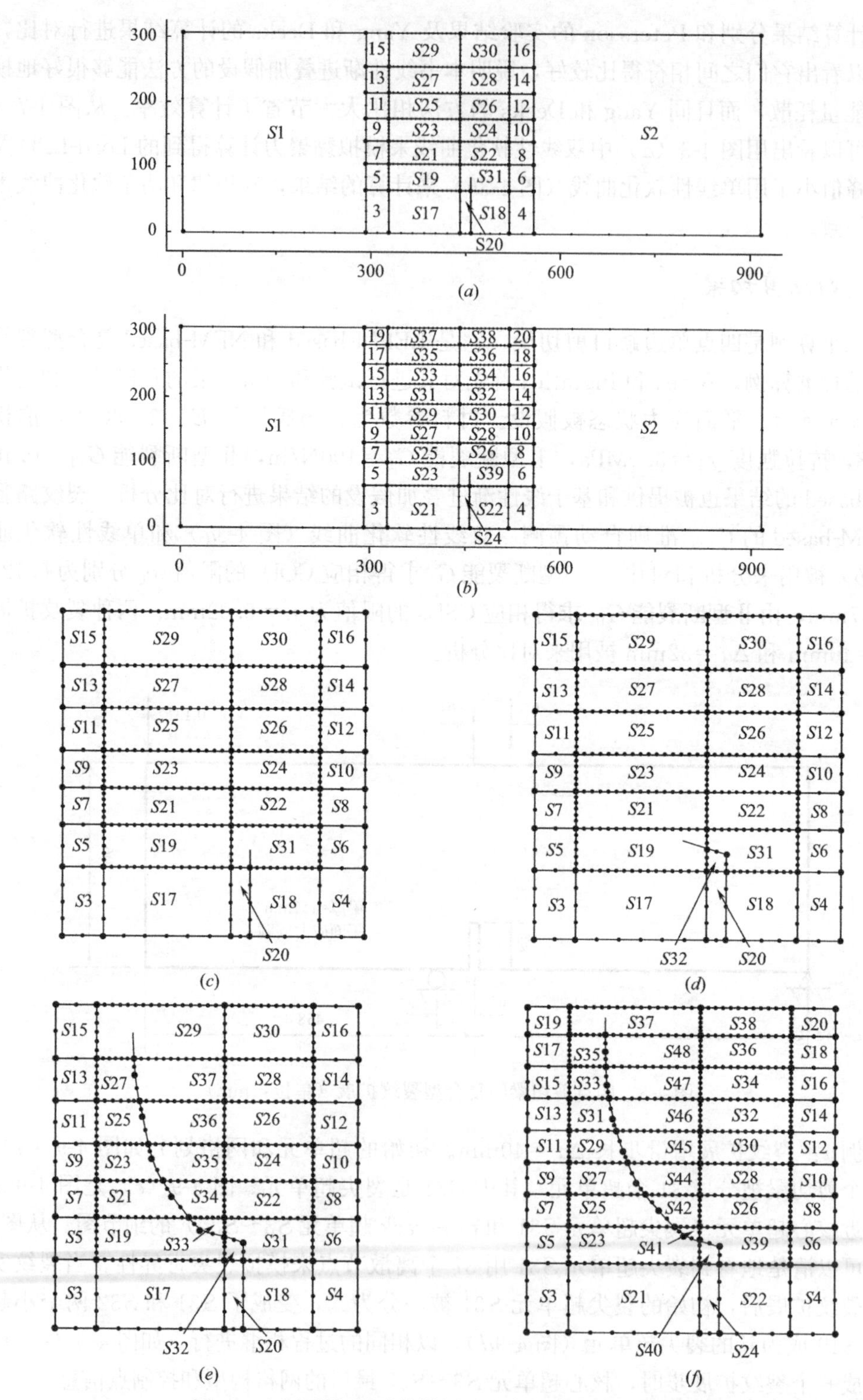

图 4-9 四点剪切梁裂纹扩展过程中超单元的网格离散

(a) 初始状态的超单元和网格剖分（$\Delta a = 40\text{mm}$）；(b) 初始状态的超单元和网格剖分（$\Delta a = 32\text{mm}$）；

(c) 图 (a) 的局部细节（$\Delta a = 40\text{mm}$）；(d) 实现 1 步裂纹扩展（$\Delta a = 40\text{mm}$）；

(e) 最后的超单元和网格剖分（$\Delta a = 40\text{mm}$）；(f) 最后的超单元和网格剖分（$\Delta a = 32\text{mm}$）

从图4-9（f）和图4-9（e）中可以看出，对于不同裂纹扩展增量步长 $\Delta a=32$mm 和40mm最终的裂纹路径是一致的，同Arrea和Ingraffea的实验结果及Yang和Deeks的模拟结果都符合很好。裂纹发展轨迹对裂纹扩展步长 Δa 是不敏感的，较小的 Δa 仅仅使裂纹发展轨迹更加平滑。再次证明了LEFM-based准则能够很好地判断混凝土结构裂纹发展轨迹。本书提出超单元重剖分技术要求选择合适的 Δa 使每一步的裂纹扩展后，新的裂纹尖端都能进入另一个超单元，否则，只能将原来的裂尖超单元的相似中心取在新的裂尖位置近似地求解SIFs，这点需要进行改进（详细情况参见下一章节关于裂纹动态扩展的介绍）。

如图4-10（a）和图4-11（a）所示的分别是基于LEFM计算得到的两个裂纹增量步长 $\Delta a=32$mm 和40mm的荷载与裂纹口滑动位移（Load-CMSD）关系曲线和Load-LPD关系曲线。从图中可以看出，本书计算得到的两种步长对应的Load-CMSD及Load-LPD关系曲线和Yang-LEFM-based的计算结果几乎完全一致，而且不同步长对计算结果的影响不大。因为裂纹尖端处FPZ的存在，混凝土不是纯粹的脆性材料，LEFM-based的计算结果和试验数据有少许不同。

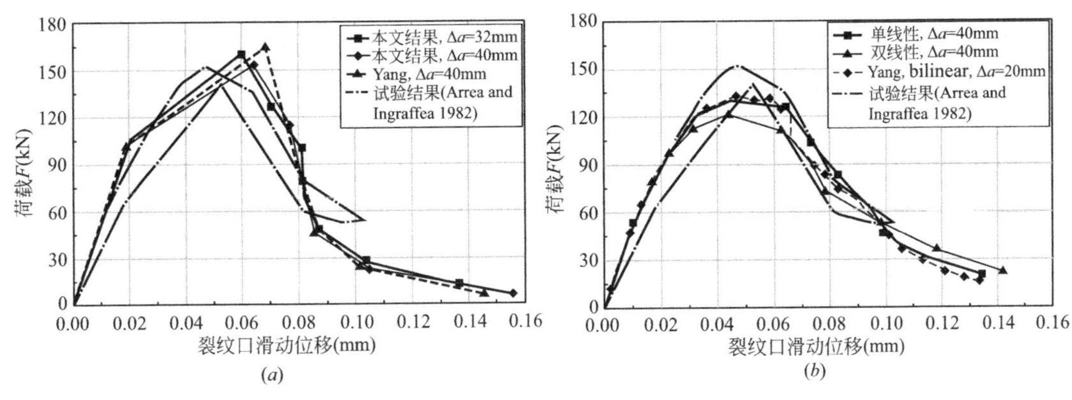

图4-10 复合型剪切梁荷载与裂纹口滑动位移曲线

（a）LEFM-based方法；（b）线性渐进叠加假设方法

为了提高LEFM-based计算的精度，本书提出的基于线性渐进叠加假设求解黏聚力的方法被用来模拟FPZ的能量耗散。对于裂纹增量步长 $\Delta a=40$mm，两种关系组合（图4-3（a）中 σ-COD 的双线性关系和图4-3（c）中 τ-CSD 关系的组合Ⅰ；图4-3（b）中 σ-COD 的线性关系和图4-3（c）中 $\tau-CSD$ 关系的组合Ⅱ）被用来求解垂直裂纹面和平行裂纹面的黏聚力。如图4-10（b）所示，计算得到的Load-CMSD曲线同试验数据及Yang和Deeks的计算结果都符合很好。如图4-10（b）所示，也验证了一个事实，由组合Ⅱ（使用 σ-COD 的单线性关系）计算得到的曲线的峰值荷载大于组合Ⅰ（使用 σ-COD 的双线性关系）得到的结果，而且组合Ⅰ得到的结果在下降末段，显示出了结构响应趋向于更脆。如图4-11（b）所示，本书的方法能够很好地捕获Load-LPD曲线的Snap-back现象，虽然在最末阶段效果不是很理想。从图4-10（b）和图4-11（b）的结果可以看出，本书的方法不需要像Yang和Deeks那样耦合FEM-SBFEM和引入CIEs，就能够得到其相当精度的结果，所以本书的方法更加简单和更加有效。

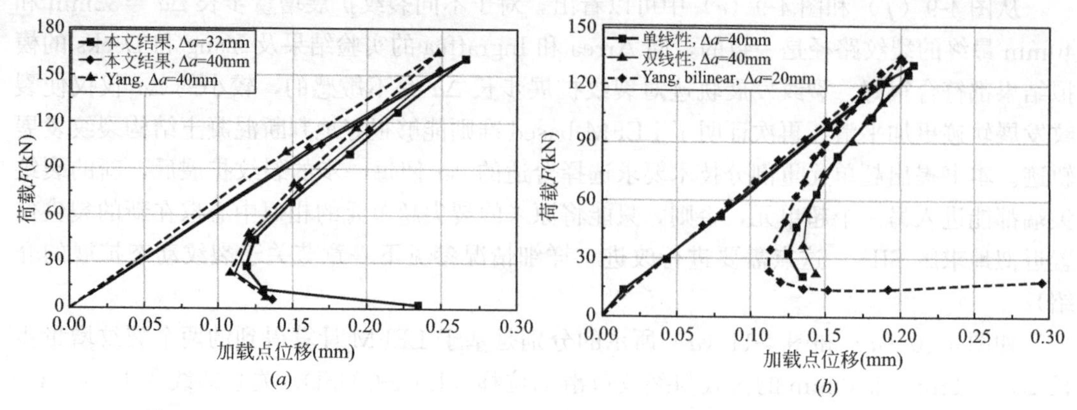

图 4-11　复合型剪切梁荷载与加载点位移曲线

(*a*) LEFM-based 方法；(*b*) 线性渐进叠加假设方法

4.6　结论

在本章中，SBFEM 超单元重剖分技术被提出用于模拟脆性材料的线弹性裂纹扩展及基于线性渐进叠加假设模拟准脆性材料（混凝土）的黏聚裂纹扩展。在裂纹扩展过程中，超单元重剖分只发生在裂纹经过的超单元。为了保证求解的 SIFs 的精度，只有裂纹可能经过的超单元（Pro-crack 超单元）需要细的网格离散，其他超单元可以使用粗网格，而且在整个计算过程中保持不变。由于 SBFEM 在处理多边形超单元（边的个数，边的尺寸，边上节点的密度皆不受限制）具有其他数值方法不可比拟的优势，这种重剖分技术易于实现，而且适用于复杂的裂纹扩展。基于线性渐进叠加假设，裂纹扩展的非线性问题被近似地简化为线弹性问题。虚拟裂纹面上的黏聚力被视为 Side-face 力，用 SBFEM 求解非齐次微分方程特解的方式来考虑 FPZ 的非线性，不需要引入 CIEs 和 “Shadow Domain”。计算工作量在很大程度上减小了。数值算例验证了这种方法的精度和效率。

5 基于 SBFEM 动态断裂问题的研究

5.1 引言

第 4 章提出了 SBFEM 超单元重剖分技术，并将其应用到静力作用下混凝土梁裂纹扩展的分析中。然而，在很多实际工程中，结构还常常受到动力荷载的作用，这时结构的变形和破坏模式往往和静力条件下表现的特点不同，这主要是因为此时的惯性效应不能被忽略。动态断裂是研究那些惯性效应不能被忽略的断裂问题，它可以划分为两大类：承受动力荷载；承受静力荷载，但裂纹快速扩展以至贯穿结构。动态裂纹扩展是动态断裂破坏重要的形式之一，常常会导致很多结构的灾难性破坏。因此，通过数值计算方法来预测动态裂纹扩展是为了能在工程领域建立安全设计方法，所以它仍是一个极其重要的研究课题。

虽然对于具有理想化几何和边界条件的动态裂纹扩展问题，可能找到解析解，但是对于实际工程问题，它是十分困难的，因此，急需寻找一种高效、精确的数值计算方法来求解这些问题。在众多数值方法中，FEM 是最受欢迎的分析动态断裂问题的方法（相关研究参见本书第一章），该方法通常需要在裂纹尖端附近加密网格或是特别地设计奇异单元来精确计算应力强度因子，这会使网格重剖分变得非常复杂，同时也增加了变量映射的工作量。基于移动最小二乘法插值的 EFG 方法是很具吸引力的，是因为该方法在模拟裂纹扩展过程中不需要网格重剖分，而仅需要节点数据。虽然如此，这种方法比普通有限元计算耗时，而且几何边界条件的模拟也更加复杂。

本书第 2 章已经对 SBFEM 理论及发展做了介绍，这里不再细述。对于静态裂纹问题，Yang 提出了简单的 SBFEM 网格重剖分的算法用于模拟静态裂纹的扩展。在上一章，我们也提出了 SBFEM 超单元重剖分技术，并成功地将其用于静态裂纹扩展的模拟研究。对于动力作用下的结构，动态应力强度因子（Dynamic Sress Intensity Factors，DSIFs）在预测裂纹的初始和扩展过程中起到重要作用。2004 年，Song 就用常规的时间积分的方法计算了时域的 DSIFs，而 Yang 等人用相同的算例得到了频域的 DSIFs。Ooi 和 Yang 基于 SBFEM 发展了模拟动态裂纹扩展的数值方法。

本章将对第 4 章提出的 SBFEM 超单元重剖分技术和 Yang 提出的简单的 SBFEM 网格重剖分方法进行改进和发展，并用于处理动态裂纹扩展问题，对它们的结果进行对比分析。DSIFs 的时域求解按照标准的时程积分方法仍用静力问题的求解公式（2-94）来求解。要进行动态裂纹扩展的模拟，还需要解决求解新生成节点动力参数（位移、速度和加速度）的问题。为此，我们提出了基于以上两种重剖分方法的网格映射技术，并且分别用于后面算例的模拟分析，其他方法的结果也被提供与之进行对比。

5.2 运动裂纹的应力强度因子的求解

在稳定或不稳定状况下，动态扩展裂纹的瞬时应力强度因子可以表达为下面两项乘积的形式

$$K_{\mathrm{I}}^{d}(t,\ v)=k_{\mathrm{I}}(v)K_{\mathrm{I}}^{*}(t,\ 0) \tag{5-1}$$

式中，K_{I}^{d} 为裂纹扩展时的瞬时动态应力强度因子；K_{I}^{*} 是等效应力强度因子，依赖当前裂纹长度、裂纹的扩展历史及施加的荷载，没考虑裂纹速度；$k_{\mathrm{I}}(v)$ 是裂纹传播速度的函数，可以近似地用下式表示

$$k_{\mathrm{I}}(v)\approx(1-v/C_{\mathrm{R}})/\sqrt{1-v/C_{\mathrm{D}}} \tag{5-2}$$

式中，C_{R} 为 Raleigh 波速，可近似表达为 $C_{\mathrm{R}}=C_{\mathrm{s}}(0.862+1.14\upsilon)/(1+\upsilon)$，而 $C_{\mathrm{s}}=\sqrt{G/\rho}$ 为剪切波速；C_{D} 为 Dilatational 波速，对于平面应变问题，$C_{\mathrm{D}}=\sqrt{2G(1-\upsilon)/\rho(1-2\nu)}$。从式（5-2）中可知，当裂纹不扩展时（$\nu=0$），$k_{\mathrm{I}}(0)=1$。

5.3 基于 SBFEM 网格重剖分技术的网格映射技术

网格映射技术在整个动态裂纹扩展过程中起到非常重要作用。对于以上的两种重剖分方法，裂纹当前扩展步动力计算所需要的必要参数（位移、速度和加速度）可以从上一个裂纹扩展步的最后结果映射获得：① 裂纹每次扩展后新生成的节点通过它们的坐标判断在扩展前的哪一个超单元内部；② 根据它们在原来超单元的位置求得对应的 SBFEM 坐标 ξ 和 η；③ 最后，根据 SBFEM 位移求解公式（2-88）求出裂纹扩展后动力计算所需要的起始位移 $u_0(\xi,\ \eta)$，而速度和加速度等动力参数可通过相同方式得到：$\{\dot{u}_0(\xi,\ \eta)\}=\sum_{i=1}^{n}\dot{c}_i\xi^{-\lambda_i}[N(\eta)]\{\phi\}_i$，$\{\ddot{u}_0(\xi,\ \eta)\}=\sum_{i=1}^{n}\ddot{c}_i\xi^{-\lambda_i}[N(\eta)]\{\phi\}_i$。因为 SBFEM 求解位移场和应力场的半解析性，所以这种网格映射技术在参数传递过程中精度可以得到保证，而且这种集成 SBFEM 优点的映射技术实现方便、容易操作。

5.4 数值算例

本书的研究对象是带有中心裂纹（裂纹长 $2a_0=24\mathrm{mm}$）的矩形板（图 5-1），它的上下边界承受均匀分布的单向拉伸荷载 $\sigma(t)$，矩形板和内部裂纹的尺寸已标注在图中。

其中，荷载 $\sigma(t)$ 是随时间变化的，可以表达为下面形式

$$\sigma(t)=\sigma_0 H(t) \tag{5-3}$$

式中，$H(t)$ 是 Heaviside 单位阶跃函数，σ_0 是均匀分布的单向拉伸荷载峰值。

相关材料参数如下：杨氏模量 $E=75.6\mathrm{GPa}$，剪切模量 $\mu=29.4\mathrm{GPa}$，泊松比 $\upsilon=0.286$，密度 $\rho=2.45\times10^3\mathrm{kg/m^3}$。平面应变状态被假设。Newmark 积分常数取 $\delta=0.5$ 和 $\beta=0.25$，它是无条件稳定的。我们下面分别对其进行稳定裂纹的动力分析和动态裂纹扩展模拟分析，在进行动态裂纹扩展模拟时，本书采用了上述两种不同的网格重剖分方法，并将结果进行了对比。

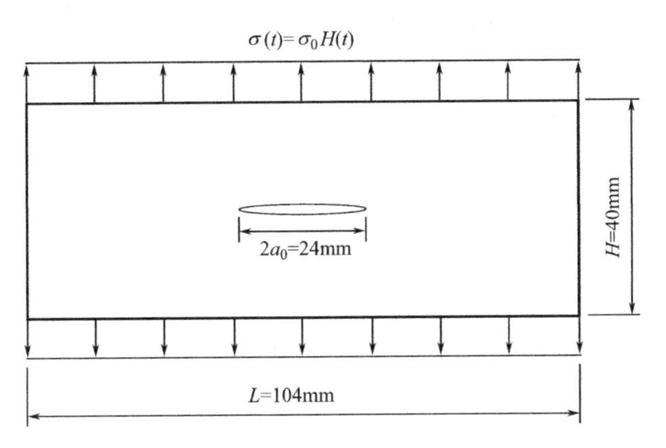

图 5-1 中心裂纹矩形板承受 Heaviside 阶跃荷载

5.4.1 稳定裂纹的动力分析

Freund 和 Sih 等人对算例中无限域的情况进行了解析求解。Aoki 等人用节点释放技术和 J-domain 积分来数值计算有限域的应力强度因子 K_{I}。而 Nishioka 和 Atluri 在数值计算时则使用了移动奇异单元的方法。对于无限域的情况，I 型应力强度因子的解析表达式是时间和裂纹速度 v 的函数可表达为

$$K_{\mathrm{I}}^{d}(t, v)=\frac{4\sigma_0 H(t-t_{\mathrm{L}})k_{\mathrm{I}}(v)}{1-v}\sqrt{\frac{(1-2v)(t-t_{\mathrm{L}})C_{\mathrm{D}}}{\pi}} \tag{5-4}$$

当时间相关的拉伸力施加在结构时，t_{L} 表示疏密波从荷载施加边界传到裂纹尖端的时间。在这里假设在上述荷载施加的整个过程中，裂纹都处于稳定状态，即 $v=0$。由于结构是对称的，所以我们只取一半矩形板为研究对象。为了提高结构动力响应在高频时的精度，我们在结构内部增加了自由度（节点）。如图 5-2 所示，最终的计算结构被剖分为 19 超单元，每个超单元的控制点被标以大实心圆‘•’。每个超单元的边界都用 3 节点线单元离散，其节点用小实心圆‘•’表示。整个结构一共 295 个节点，其中 81 个被用来模拟裂尖超单元 S19。如图 5-2 所示，我们可以清晰地看到，只有裂尖超单元为了精确求解 SIFs 使用了细网格，其他普通超单元则使用粗网格。

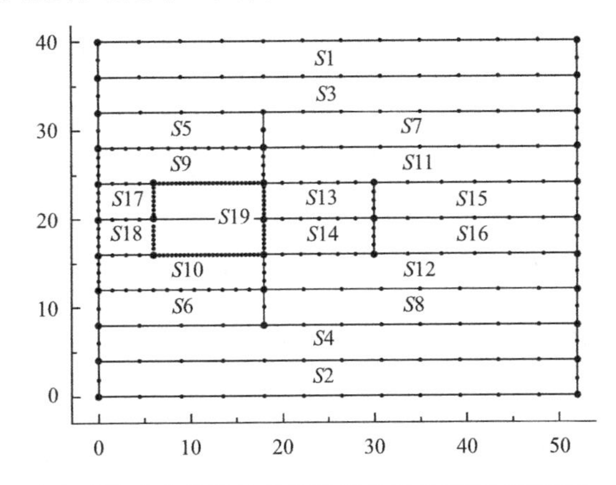

图 5-2 用于稳态裂纹动态分析的半矩形板的超单元和网格剖分（单位：mm）

两个时间步长 $\Delta t=0.44\mu s$ 和 $\Delta t=1.1\mu s$ 被选择进行稳态裂纹的动力分析，SBFEM 计算动态应力强度因子的结果已标绘在图 5-3 中，结果通过带初始裂纹长度 $2a_0$ 无限板的静力应力强度因子 $\sigma_0\sqrt{\pi a_0}$ 来标准化。Sih 等人通过式（5-4）计算了无限板裂纹的解析解，而 Nishioka 和 Atluri，Aoki 等人则对有限板裂纹进行了数值求解，他们的计算结果也被提供用于和本书结果进行对比（图 5-3）。由于被模拟区域的有限尺寸，应力波会被边界反射回来。下面的标记被用来指定图 5-3 描述的时刻：t_L 表示疏密波从荷载 $\sigma(t)$ 的施加边界传播到稳定裂纹的裂尖；t_{LD} 表示时间 t_L 加上疏密波从稳定裂纹的一个裂尖首次散射到另一个裂尖的时间 $t_{LD}=t_L+2a_0/C_D=6.95\mu s$；而 t_{LOL} 表示疏密波从荷载施加边界传播到反方向荷载施加边界在反射回裂尖的时间 $t_{LOL}=t_L+H/C_D=9.48\mu s$。对于时间步长 $\Delta t=0.44\mu s$，目前的方法的计算结果和由式（5-4）计算的解析解相符得非常好直至 $t=t_{LD}$，甚至是 $t=t_{LOL}$。对于有限板来说，t_{LOL} 时刻之后由于反射波严重的相互影响，由式（5-4）计算的解析解不再适用。目前的结果在整个计算时间内与 Nishioka 和 Atluri 的结果都相符得很好，而和 Sih 等人的结果在很长一段时间内也是基本一致的。Aoki 等人的结果比其他方法的结果都要小。如图 5-3 所示，还给出了不同的荷载步长 $\Delta t=1.1\mu s$ 的计算结果，从图 5-3 中可以看出，荷载步长的选择对结果的影响不是很大。

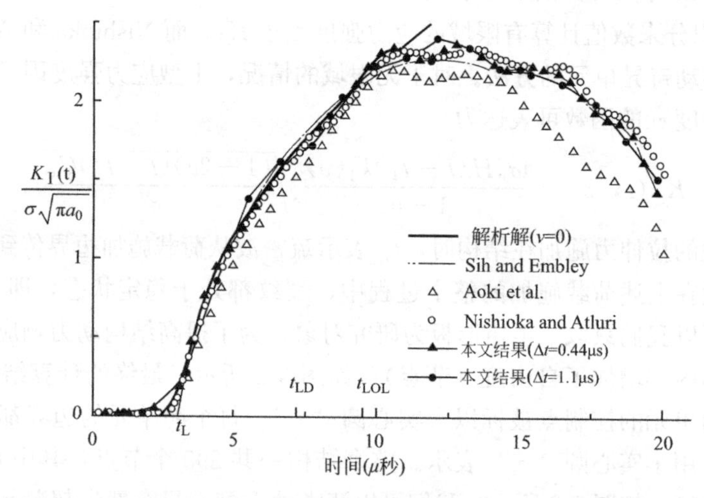

图 5-3　承受阶跃荷载的中心裂纹矩形板标准化动态应力强度因子

5.4.2　基于 SBFEM 简单网格重剖分技术-有限板裂纹固定扩展速度的扩展模拟

我们依然使用 5.4.1 节的模型为研究对象，模型尺寸、材料属性及时间相关的荷载值等参见 5.4.1 节。时间步长 $\Delta t=1.1\mu s$ 被选择用来进行动态裂纹扩展分析。裂纹初始长度为 $2a_0$，当 $t<t_c$（$t_c=4.4\mu s$）时，裂纹保持稳定，当 $t>t_c$ 时，裂纹从两个裂纹尖端以 $v=1000m/s$ 的固定速度开始扩展。裂纹扩展方向按式（5-5）判断（当 $K_{II}\neq 0$ 时）

$$\theta=2\tan^{-1}\left\{\frac{1}{4}\left(\frac{K_I}{K_{II}}-\mathrm{sign}(K_{II})\sqrt{\left(\frac{K_I}{K_{II}}\right)^2+8}\right)\right\} \tag{5-5}$$

当 $K_{II}=0$ 时，$\theta=0$。

和 5.4.1 节相同，我们仍取一半结构来模拟裂纹扩展。为了获得高频段精确的结果，我们在结构插入了很多的内部节点，如图 5-4（a）所示，计算区域被剖分为 24 超单元和

224个节点，其中有53个节点被用来模拟裂尖超单元S24（从开始到时间 t_c 裂纹开始扩展）。当 $t \geqslant t_c$ 时，裂纹开始扩展，每个时间步扩展一个步长 $\Delta a = \Delta t \cdot v$ 。完成16个时间步之后的超单元及网格如图5-4（*b*）所示，沿着裂纹扩展路径一共额外增加64个节点。所有其他的超单元及网格离散在整个过程中保持不变。

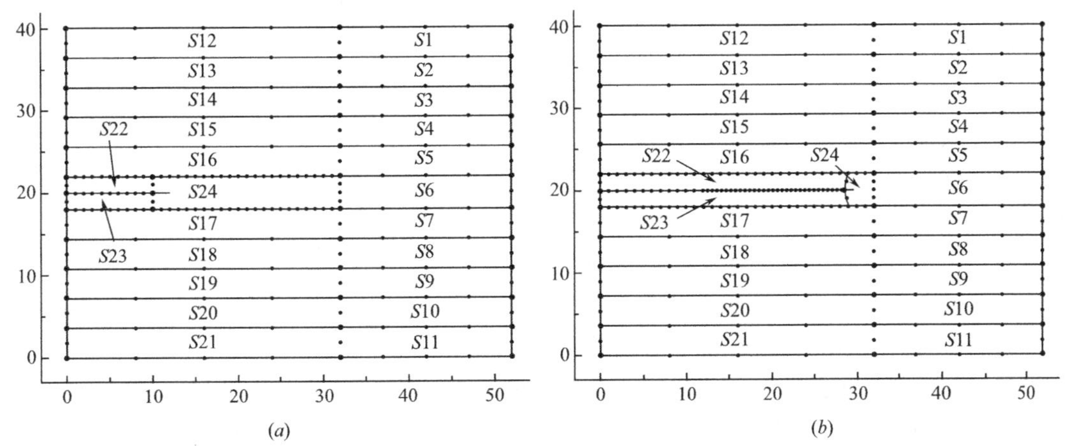

图5-4　有限板Ⅰ型裂纹动态扩展模拟过程中超单元及网格的变化（$\Delta t = 1.1\mu s$）

（*a*）初始的超单元和网格；（*b*）最后一步扩展后的超单元和网格

本书计算的标准化动态裂纹扩展的应力强度因子结果如图5-5所示，它们在没有受到从边界反射波严重影响的情况下，和由式（5-4）计算的解析解及Freund的计算结果相符得非常好。目前的结果还与其他数值计算结果进行了对比，Nishioka和Atluri使用基于扩展特征函数推导的奇异单元来进行动态裂纹扩展计算，在整个计算时间内与本书的结果都相符得很好；而Aoki等人的结果和本书的结果及其他的结果基本上是一致的，总体上偏小，这点和稳态裂纹动力分析的规律是一致的。有一点需要特别说明的是，本书是假设在时刻 t_c 裂纹扩展速度从0突变到 v。

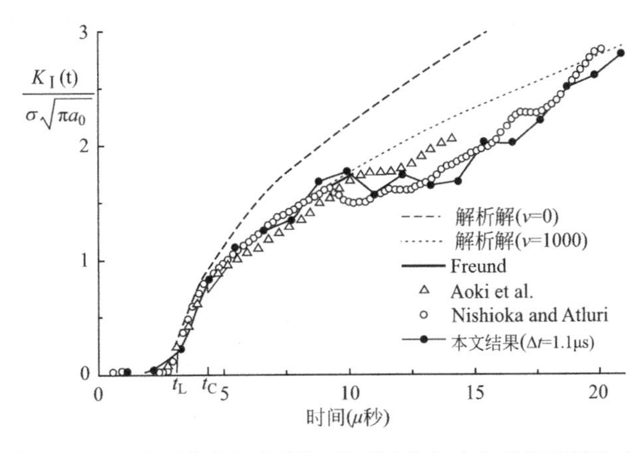

图5-5　承受Heaviside阶跃荷载的有限矩形板标准化动态裂纹扩展的应力强度因子

5.4.3　基于SBFEM超单元重剖分技术-有限板裂纹固定扩展速度的扩展模拟

在5.4.2节我们将Yang的基于SBFEM简单网格重剖分技术扩展到动态裂纹扩展的

模拟中，它的计算结果分别和解析解及其他数值方法的结果进行了对比。从上面的分析可以看出这种方法只需要在裂纹经过的核心超单元（见图 5-4 中的 $S22$～$S24$）进行网格加密就能保证计算精度，这样使用的自由度就很少，大大地提高了计算效率，并且在整个裂纹扩展过程中，自由度的增加主要用于模拟裂纹面。但是正如施明光所描述的那样，该网格重剖分方法虽然简单，但是在某些情况下会出现失效，如图 5-6 所示，随着裂纹的不断扩展，左上角的超单元越变越大且形状越趋于不规则，此时如果没有选好相似中心的位置，很容易出现相似中心对边界可视的准则不能满足的情况（即边界上的点对相似中心不可见），而使该方法失效。

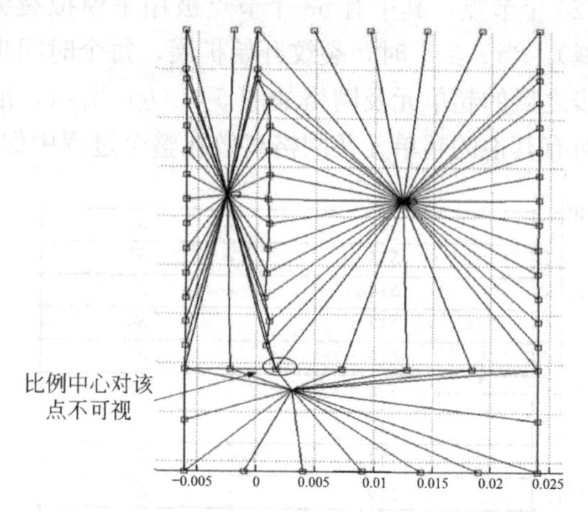

图 5-6　Yang 简单网格重剖分方法失效情况

通过第四章对 SBFEM 超单元重剖分算法的介绍可知，超单元重剖分方法是简单地把裂纹经过的超单元一分为二，而新生成的超单元形状很小而且边数少相对规则，相似中心对边界可视的准则更容易满足，虽然自由度有少量增加，但是这么做是必要和值得的。本书在四章用超单元重剖分的方法对静力问题进行了裂纹扩展的模拟，为了准确的求解应力强度因子，把裂纹可能经过的超单元用细网格进行离散，由于裂纹路径是未知的，这势必增加一部分没必要的自由度。而且自由度的增加势必影响计算效率，对于静力求解还可以承受，但是对于动力计算有时很难承受。所以，我们对第四章的超单元重剖分方法做了以下改进：① 为了兼顾应力强度因子求解的精度和计算效率，我们只对当前裂尖超单元用细网格进行离散，其他超单元皆用粗网格，当裂纹扩展时，新的裂尖超单元再进行网格加密（图 5-7）；② 当裂纹扩展步长 $\Delta a=\Delta t \cdot v$ 小于超单元最小边长，这时由式（5-5）计算的裂纹扩展角和 Δa 得到的下一步裂纹尖端的位置还在当前裂尖超单元内，即裂纹走不出裂尖超单元，我们通过将当前的裂尖超单元细化为 3 个或是多个超单元，直到裂纹尖端走出当前的超单元。加密新增节点的位移等动力参数和形成新裂纹面新增的节点一样通过网格映射技术求得，这样就减少了总体自由度数，提高了计算效率。当然，对于裂纹尖端已经经过的超单元，我们也可以选择恢复原来的粗网格，这样可以节省很多自由度，但是在实践过程中，我们发现对于总体自由度规模不大的时候是没有必要这么做的，因为在裂纹扩展后还需要保留扩展之前的节点信息。

对于超单元重剖分方法模拟动态裂纹扩展问题，仍使用 5.4.1 节的模型为研究对象，模型尺寸，材料属性及时间相关的荷载值等参见 5.4.1 节。进行动态裂纹扩展分析的时间步长和 5.4.2 节的选择一样，即 $\Delta t=1.1\mu s$。裂纹的初始长度 $2a_0=24mm$，裂纹保持稳定直到 $t=4.4\mu s$。裂纹的扩展速度仍旧为 $v=1000m/s$。裂纹扩展方向仍旧按式（5-5）来判断。和 5.4.2 节相同，本书仍取一半结构来模拟裂纹扩展。为了保证高频段结果的精度及获得平滑的裂纹路径，如图 5-7（a）所示，计算区域初始被剖分为 74 超单元和 564 个节点。如图 5-7（b）（图 5-7a 的细节图）所示，可以清楚看到 33 个节点被用来模拟裂尖超单元 $S74$。当 $t \geqslant t_C$ 时，裂纹开始扩展，每个时间步扩展一个步长 $\Delta a=\Delta t \cdot v$。完成 21

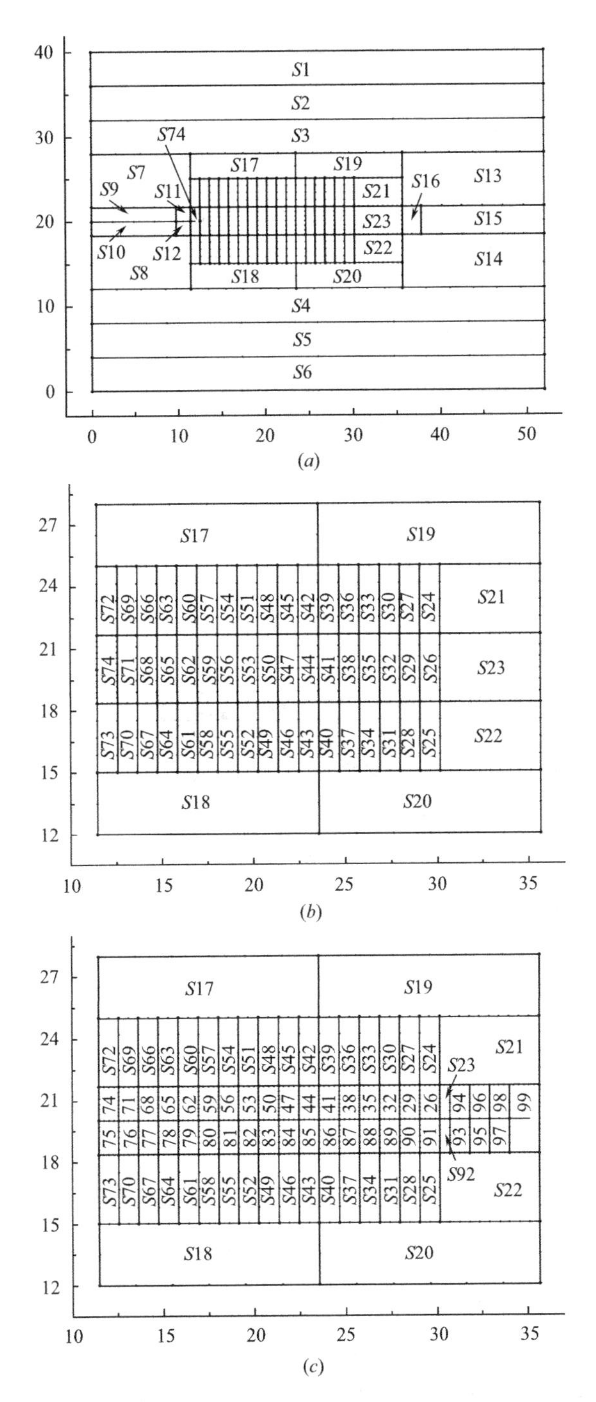

图 5-7 基于SBFEM超单元重剖分方法有限板Ⅰ型裂纹动态扩展模拟过程中超单元及网格的变化（$\Delta t=1.1\mu s$）

（*a*）初始的超单元和网格；（*b*）图（*a*）的局部细节；（*c*）最后一步扩展后的超单元和网格

个时间步之后，最终的超单元及网格如图 5-7（*c*）所示，一共生成 99 个超单元，943 个节点。对比图 5-7（*a*）和图 5-7（*c*）可以看出，只有裂纹经过的超单元被一分为二且进行了网格加密，其他超单元皆用粗网格，且在整个裂纹扩展过程中保持不变。对比图 5-7（*b*）和图 5-7（*c*）中的超单元 *S*23 可知，当裂纹经过 17 个裂纹扩展步进入 *S*23 后，由于裂纹扩展步长 Δa 小于 *S*23 最小边长，可以判断裂纹下一步扩展走不出 *S*23，我们将 *S*23 剖分为 3 个超单元 *S*23、*S*92 和 *S*93。如图 5-7（*c*）所示，接下来 18～21 的裂纹扩展步按相同方法实现。

基于 SBFEM 超单元重剖分方法模拟动态裂纹扩展，计算得到的考虑裂纹扩展速度的应力强度因子结果和 5.4.2 节用简单重剖分方法计算的结果同时绘制在图 5-8 中，它们在整个计算时间内都相符得很好。图 5-8 中还将此方法的计算结果分别与解析解、Freund 的计算结果、Nishioka 和 Atluri 的计算结果及 Aoki 等人的结果进行了对比，其结论和 5.4.2 节的结论是一样的。在没有受到反射波影响的时间段，同 5.4.2 节的计算结果相比，基于超单元重剖分方法的计算结果更接近解析解；而在受到反射波影响的时间段，更接近 Nishioka 和 Atluri 的计算结果。

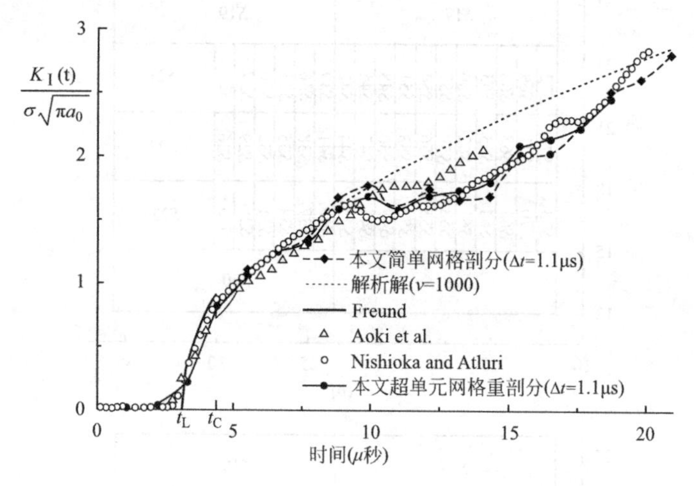

图 5-8　基于 SBFEM 超单元重剖分方法 Heaviside 阶跃荷载作用下有限矩形板标准化动态裂纹扩展的应力强度因子

5.5　结论

本章对第四章的超单元重剖分方法做了改进使之更加完善。改进后的超单元重剖分方法在模拟裂纹扩展时，只对当前裂尖超单元用细网格进行离散，其他超单元皆用粗网格且保持不变，大大地减少了自由度数，提高了计算效率；解决了裂纹每步必须扩展当前裂尖超单元的问题，结束了对裂纹扩展步长的依赖，可以拓展其对不是恒定传播速度的裂纹进行动态扩展模拟。分别针对基于 SBFEM 简单网格剖分算法和超单元重剖分方法，提出了相应的网格映射技术，将它们拓展到动态裂纹扩展问题的分析中。这两种方法分别对带有中心裂纹的矩形板进行了稳态裂纹和动态裂纹扩展进行了分析，如果忽略反射波散射的影响，其结果和解析解及其他数值解都相符得非常好，而且用这两种方法进行模拟计算时，模型的自由度数少，所以计算效率更高，此外，由于 DSIFs 可以用 SBFEM 半解析的求解，所以计算精度也可以得到保证。通过对比这两种方法的计算结果可知，SBFEM 超单元重剖分方法的计算精度更好，而简单网格剖分算法在模拟过程中使用的自由度更少。如上文讨论的那样，简单网格剖分算法在有些情况下会出现失效情况，比较适合用于模拟裂纹路径比较简单的问题；而 SBFEM 超单元重剖分方法则不会出现这种情况，适用于模拟复杂裂纹的扩展问题。

6　基于SBFEM地震作用下重力坝裂纹扩展过程的模拟

6.1　引言

前面两章分别将SBFEM超单元重剖分技术应用到静、动荷载作用下结构裂纹扩展的分析中，但用于这些算例分析的都是梁、板等简单结构。对于像混凝土重力坝这样集工业和农业功用于一身的工程设施，它的结构复杂、体型和质量巨大，在诸如前期地震、水压力、地基不均匀沉降、温度变化和混凝土收缩等因素的影响下不可避地会出现内部缺陷或微裂纹。这些预先存在的内部缺陷或微裂纹在静、动荷载（特别是强烈地震动）的共同作用下可能会扩展到坝体内部，这可能导致大坝的灾难性破坏，带来大规模的人员伤亡和巨大的经济损失等。因此，对地震作用条件下混凝土重力坝断裂问题的分析有着重要的工程意义，而预测结构内裂纹的扩展路径又是其重中之重。

目前对于有裂纹混凝土重力坝的地震分析，已开发了很多模型，它们通常分为基于离散裂纹方法或弥散裂纹方法。在离散裂纹模型中，需要在结构内引入一个不连续交界面来描述裂纹，对于有限单元网格，这些不连续交界面被放置在单元边界，因此，需要重剖分算法来适应裂纹扩展。在弥散裂纹模型中，通过修正混凝土的强度和刚度及在断裂带的有限宽度分配耗能来模拟裂纹。FEM、BEM等基于网格的方法是模拟大坝断裂的常用方法，在裂纹附近通常需要非常细的网格来模拟奇异应力场。当裂纹扩展时，结构需要适应性的重剖分来避免差的网格质量在大变形之后带来的准确性和稳定性问题。王光纶等结合非线性裂纹带理论和FEM预测Koyna坝的断裂，在分析中要求单元尺寸接近混凝土裂纹带的特征尺寸。Calayir和Karaton利用同轴旋转裂纹模型（Coaxial Rotating Crack Model，CRCM）和FEM来研究Koyna坝的地震行为。Batta和Pekau基于BEM将单裂纹扩展模型扩展到多裂纹来分析地震激励下Fongman和Koyna坝的响应。Pekau和冯令民基于LEFM，对Koyna坝利用BEM进行了动力开裂分析，其结果与原型观测的结果相近。XFEM（增强的FEM方法）通过Heaviside函数消除网格边界对裂纹路径的依赖，已被用于处理传统网格方法面临的困难。Unger等结合XFEM和合适的裂纹扩展算法来模拟混凝土断裂。Fang等用XFEM模拟了Koyna坝非线性的地震断裂行为。XFEM还被Ren等用于分析混凝土的水力劈裂问题。除了以上连续介质数值方法，张国新等利用基于流形元的子域奇异边界元法对地震作用下Koyna重力坝的开裂过程进行分析，而侯艳丽耦合离散元法和分离式裂纹模型对Koyna坝地震开裂过程进行分析。

第1章列举了一些比较有影响的坝体遭到破坏的实例，其中比较典型的混凝土重力坝破坏的实例是Koyna坝，它于1963年被建成在印度Maharashtra邦的Koyna河上，在1976年遭受6.5级地震，结果在坝体的上、下游面出现了几乎贯穿的裂纹。本章将第4章提出的SBFEM超单元重剖分技术和第5章提出的网格映射技术应用到地震作用下Koyna重力坝动态断裂的模拟中。在本章中，Koyna坝的地基被分为近场地基和远场地基，其中近场地基被视为广义结构的一部分，用SBFEM（或FEM）来模拟；远场地基使用SBFEM仅通过离散其与近场地基的交界面来模拟，它的相似中心取在广义结构内，这时的远场辐射条件自动满足。通过求解近场地基和远场地基构成弹性半无限空间在地震输入情况下的运动来得到广义结构-远场地基相互作用力，进而模拟通过无限地基以波的形式传递过来的地震作用。通过在两个裂纹面上插入接触点对，更准确地描述裂纹面之间的状态，解决了裂纹面在闭合过程中相互嵌入的问题。本章主要内容如下：首先给出了地震作用下大坝-地基动力相互作用耦合系统时域中的基本方程，通过对加速度单位脉冲响应函数采用序列截断来提高效率。然后，简单地介绍了二维摩擦接触问题的基本描述、B-可微方程组形式及其解法等，并以悬臂叠梁的接触问题为例来验证SBFEM和接触程序的正确性。最后，以地震作用下Koyna坝为例，利用SBFEM和ANSYS对坝体上没有裂纹和存在裂纹两种情况下的多个工况进行了对比求解，得到了不同高程处的瞬时位移场、应力场等，结果表明两种方法得到的结果符合地非常好；对于存在裂纹的情况，除了位移和应力，还得到了不同初始裂纹长的DSIFs随时间的变化曲线，并对裂纹面间的接触问题进行了相应的分析；本章还基于LEFM和SBFEM超单元重剖分技术对Koyna坝上游面的单个初始裂纹扩展进行了模拟，并分析了不同的初始裂纹长度和扩展步长对地震裂纹扩展的影响。

6.2 基于SBFEM的大坝-地基动力相互作用时域计算

如图6-1所示的是一个典型的结构-地基动力相互作用系统（大坝-地基动力相互作用耦合系统），其中地基被分为了两部分：靠近上部结构的近场地基及近场地基以外延伸至无限远的远场地基。这种划分主要基于以下两方面的考虑：一方面，对于远场较为均匀的无限地基，利用SBFEM可以准确地求出无限域的动刚度或脉冲响应函数；另一方面，对于结构本身的非线性和结构附近的地基非均匀和非线性，可以采用有限元进行较好地处理。通常情况，我们将结构和近场地基统一视为广义结构，后文简称结构，而近场地基与远场地基的交界面称为广义结构-地基交界面，后文简称结构-地基交界面。如图6-1所示，作用在大坝-地基动力相互作用耦合系统上的动荷载主要分为两大类：一类是以波的形式通过无限地基传递过来的地震作用等动力扰动；一类是施加在坝体本身的荷载，如波浪载荷等。

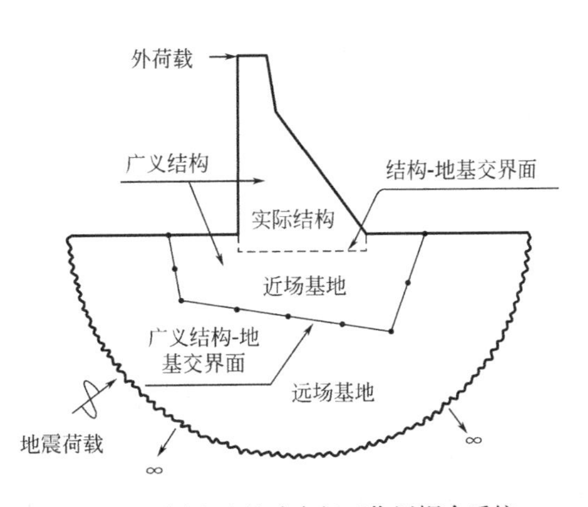

图6-1 大坝-地基动力相互作用耦合系统

对于任意一个二维的计算域，第2.3.4节已经推导了SBFEM的时域运动方程，如式(2-46)所示，为了方便使用这里再次给出

$$[E^0]\xi^2\{u(\xi)\}_{,\xi\xi}+([E^0]-[E^1]+[E^1]^{\mathrm{T}})\xi\{u(\xi)\}_{,\xi} \\ -[E^2]\{u(\xi)\}-[M^0]\xi^2\{\ddot{u}(\xi)\}=0 \tag{6-1}$$

从方程（6-1）可看出，SBFEM控制方程不仅包括时间域的二阶导数，也包括空间域的二阶导数，形式比较复杂。此外，式（6-1）是基于子结构（超单元）层级建立的，而对于大坝-地基耦合系统（图6-1），由于广义结构的形状复杂，可能需要用多个超单元来模拟，这些超单元都有各自的相似中心（对于无限地基，也需要根据近场地基形状选择自己的相似中心），因此由它们所建立的控制方程中局部坐标是不同的。所以是不可能将这些方程耦合成为统一的时域运动方程的。为了利用SBFEM在模拟无限地基的优势，我们将SBFEM超单元等效视为FEM的单元，用传统有限元法建立的离散运动方程来求解大坝-地基耦合系统的运动

$$[M]\{\ddot{u}\}+[C]\{\dot{u}\}+[K]\{u\}=\{P\} \tag{6-2}$$

方程（6-2）只包括时间域的二阶导数，在空间域上，不同的超单元使用统一的空间坐标。

对用于模拟广义结构的超单元，只需要在其边界进行离散，第2章已经给出了刚度矩阵和质量矩阵的求解公式，式（2-74）和式（2-86），然后将每个超单元的质量矩阵和刚度矩阵进行组装，得到整个广义结构的总体质量矩阵$[M^s]$和刚度矩阵$[K^s]$，其过程类似于有限元法。而对于无限地基，只需离散广义结构和远场地基的交界面，从而可以按照第2章无限域静力刚度阵的求解公式（2-77）得到$[K^\infty]$和加速度单位脉冲响应函数公式（2-61）得到$[M^\infty(t)]$。

对于如图6-2所示地震作用下大坝-地基耦合系统，其广义结构部分的结构-地基动力相互作用的运动方程和结构-地基相互作用力分别为

$$\begin{bmatrix}[M_{ss}^s] & [M_{sb}^s]\\ [M_{bs}^s] & [M_{bb}^s]\end{bmatrix}\begin{Bmatrix}\{\ddot{u}_s(t)\}\\ \{\ddot{u}_b(t)\}\end{Bmatrix}+\begin{bmatrix}[C_{ss}^s] & [C_{sb}^s]\\ [C_{bs}^s] & [C_{bb}^s]\end{bmatrix}\begin{Bmatrix}\{\dot{u}_s(t)\}\\ \{\dot{u}_b(t)\}\end{Bmatrix} \\ +\begin{bmatrix}[K_{ss}^s] & [K_{sb}^s]\\ [K_{bs}^s] & [K_{bb}^s]\end{bmatrix}\begin{Bmatrix}\{u_s(t)\}\\ \{u_b(t)\}\end{Bmatrix}=\begin{Bmatrix}\{P_s(t)\}\\ -\{r_b(t)\}\end{Bmatrix} \tag{6-3}$$

$$\{r_b(t)\}=\int_0^t[M_{bb}^\infty(t-\tau)](\{\ddot{u}_b(\tau)\}-\{\ddot{u}_b^g(\tau)\})\mathrm{d}\tau \tag{6-4}$$

(6-3)、(6-4) 两式中，$[M^s]$，$[C^s]$和$[K^s]$分别为结构的质量矩阵、阻尼矩阵和静力刚度阵；$\{u(t)\}$，$\{\dot{u}(t)\}$和$\{\ddot{u}(t)\}$分别为结构的位移、速度和加速度向量；$\{P_s(t)\}$为结构承受的其他外荷载；$\{r_b(t)\}$为结构-地基相互作用力；$[M_{bb}^\infty(t)]$代表无限地基的加速度单位脉冲响应函数；$\{\ddot{u}_b^g(\tau)\}$表示地震作用下基础开挖后的散射场运动；系数矩阵的上标s和∞分别表示结构和无限地基，而下标b和s分别表示无限地基与结构交界面上的自由度及结构上除去交界面剩下的自由度。

对于如图6-2（c）所示的开挖后的无限地基，在地震作用下的散射场运动$\{\ddot{u}_b^g(t)\}$和地基开挖的形状相关，由于地基开挖的形状常常是不规则的，在时域中要直接求解$\{\ddot{u}_b^g(t)\}$会比较复杂，而地基在未开挖之前可视为一个弹性半空间（图6-3a），入射波在其中所激发的自由波场问题的求解却比较容易。于是如图6-3所示，可将弹性半空间分解为两部分：有限开挖体（图6-3b）和开挖后的无限地基（图6-3c），其中图6-2（c）和图6-3（c）中开挖后的无限地基完全相同。将有限开挖体（e）看作是广义结构，然后利用

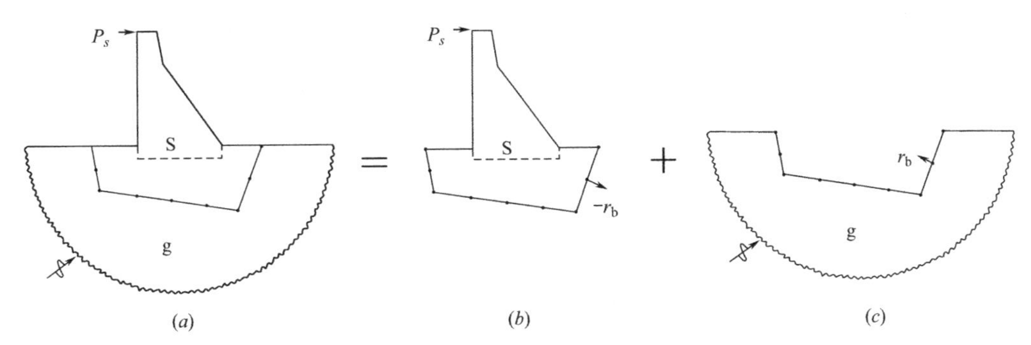

图 6-2 大坝-地基耦合系统分解为广义结构（坝体和近场地基）和远场地基

（a）大坝-地基耦合系统；（b）广义结构；（c）远场地基

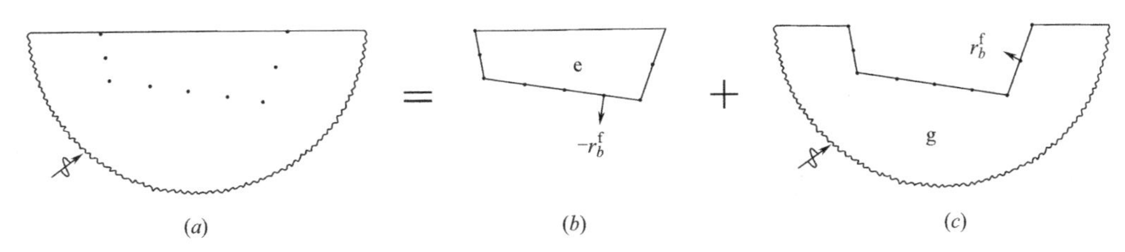

图 6-3 弹性半空间的分解

（a）弹性半空间；（b）有限开挖体；（c）嵌入式地基

式（6-3），可得

$$\begin{bmatrix}[M_{bb}^e] & [M_{be}^e] \\ [M_{eb}^e] & [M_{ee}^e]\end{bmatrix}\begin{Bmatrix}\{\ddot{u}_b^f(t)\} \\ \{\ddot{u}_e^f(t)\}\end{Bmatrix}+\begin{bmatrix}[C_{bb}^e] & [C_{be}^e] \\ [C_{eb}^e] & [C_{ee}^e]\end{bmatrix}\begin{Bmatrix}\{\dot{u}_b^f(t)\} \\ \{\dot{u}_e^f(t)\}\end{Bmatrix}$$
$$+\begin{bmatrix}[K_{bb}^e] & [K_{be}^e] \\ [K_{eb}^e] & [K_{ee}^e]\end{bmatrix}\begin{Bmatrix}\{u_b^f(t)\} \\ \{u_e^f(t)\}\end{Bmatrix}=\begin{Bmatrix}-\{r_b^f(t)\} \\ 0\end{Bmatrix} \tag{6-5}$$

$$\{r_b^f(t)\}=\int_0^t[M_{bb}^\infty(t-\tau)](\{\ddot{u}_b^f(\tau)\}-\{\ddot{u}_b^g(\tau)\})\mathrm{d}\tau \tag{6-6}$$

式中，上标 e 代表有限开挖体，而下标 e 则表示有限开挖体除去交界面剩下的自由度，即内部自由度，下标 b 仍表示无限地基与结构交界面上的自由度；$\{\ddot{u}_i^f(t)\}$、$\{\dot{u}_i^f(t)\}$、$\{u_i^f(t)\}$（$i=e$，b）取弹性半空间相应位置在波输入情况下的运动，是已知的，这样，由式（6-5），即可求得有限开挖体与无限地基之间的相互作用力 $\{r_b^f(t)\}$。同时，对式（6-4）减去式（6-6）经整理得

$$\{r_b(t)\}=\int_0^t[M_{bb}^\infty(t-\tau)](\{\ddot{u}_b(\tau)\}-\{\ddot{u}_b^f(\tau)\})\mathrm{d}\tau+\{r_b^f(t)\} \tag{6-7}$$

从而，相互作用力表达式（6-4）中开挖后的无限地基的散射场运动 $\{\ddot{u}_b^g(t)\}$ 被用弹性半空间在波输入情况下的运动 $\{\ddot{u}_b^f(t)\}$ 取代。

如图 6-4 所示，加速度单位脉冲响应函数可进行分解为如下的形式

$$[M_{bb}^\infty(t)]=[C_{bb}^\infty]+[K_{bb}^\infty]t+[M_{bb}^m(t)] \tag{6-8}$$

其中，前两项为时间 t 趋于无穷大时，加速度单位脉冲响应函数的渐近直线。

用 $\{\ddot{u}_b'(\tau)\}=\{\ddot{u}_b(\tau)\}-\{\ddot{u}_b^f(\tau)\}$，利用式（6-8）可得

$$\{r_b(t)\}=\{r_b^{\mathrm{f}}(t)\}+[K_{bb}^{\infty}]\{u_b'(t)\}+[C_{bb}^{\infty}]\{\dot{u}_b'(t)\}+\int_0^t[M_{bb}^m(t-\tau)]\{\ddot{u}_b'(\tau)\}\mathrm{d}\tau \tag{6-9}$$

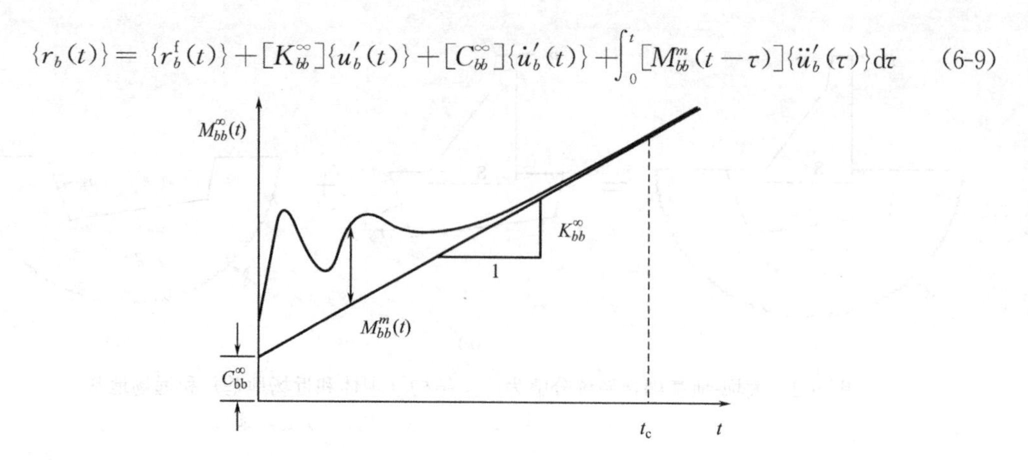

图 6-4 加速度单位脉冲响应函数的分解

阎俊义通过序列截断技术来消减系统的计算工作量，该方法实施的关键是确定截断时间 t_c。他采用 $[M_{bb}^{\infty}(t)]$ 的二阶时间导数 $[\ddot{M}_{bb}^{\infty}(t)]$ 的 Frobenius 范数收敛至零来判断 $[M_{bb}^{\infty}(t)]$ 已趋于线性的时间，即截断时间 t_c，将 t_c 之后的 $[M_{bb}^{m}(t)]$ 近似取为零，可得

$$[M_{bb}^m(t)]\approx\begin{cases}[M_{bb}^{\infty}(t)]-[C_{bb}^{\infty}]-[K_{bb}^{\infty}]t & 0\leqslant t\leqslant t_c\\ 0 & t\geqslant t_c\end{cases} \tag{6-10}$$

这样只用式（2-61）计算 t_c 之前的加速度单位脉冲响应函数 $[M_{bb}^{\infty}(t)]$，节省了大量的计算时间。而 t_c 的选取取决于误差控制参数，$[K_{bb}^{\infty}]$ 则由式（2-77）求得。见图 6-4，可知在时刻 t_c 有

$$[C_{bb}^{\infty}]=[M_{bb}^{\infty}(t_c)]-[K_{bb}^{\infty}]t_c \tag{6-11}$$

对于库水-动力相互作用，采用 Westergaard 提出的附加质量模型进行模拟。

以时间步长 Δt 对方程（6-3）进行离散，并将式（6-9）代入，经整理可得在 t 时刻波输入情况下结构-地基-库水耦合系统的运动方程

$$\begin{bmatrix}[M_{ss}^s]+[M_p] & [M_{sb}^s]\\ [M_{bs}^s] & [M_{bb}^s]+[M_{bb}^g]\end{bmatrix}\begin{Bmatrix}\{\ddot{u}_s(n)\}\\ \{\ddot{u}_b(n)\}\end{Bmatrix}+\begin{bmatrix}[C_{ss}^s] & [C_{sb}^s]\\ [C_{bs}^s] & [C_{bb}^s]+[C_{bb}^{\infty}]\end{bmatrix}\begin{Bmatrix}\{\dot{u}_s(n)\}\\ \{\dot{u}_b(n)\}\end{Bmatrix}$$
$$+\begin{bmatrix}[K_{ss}^s] & [K_{sb}^s]\\ [K_{bs}^s] & [K_{bb}^s]+[K_{bb}^{\infty}]\end{bmatrix}\begin{Bmatrix}\{u_s(n)\}\\ \{u_b(n)\}\end{Bmatrix}=\begin{Bmatrix}\{P_s(n)\}\\ \{P_b(n)\}\end{Bmatrix} \tag{6-12}$$

其中

$$[M_{bb}^g]=\frac{1}{2}[\overline{M}_{bb}^m(1)] \tag{6-13}$$

$$\{P_b(n)\}=\{P'_b(n)\}+\begin{cases}-\sum\limits_{k=0}^{n-2}[\overline{M}_{bb}^m(n-k)]\{\overline{\ddot{u}}_b'(k)\}-[M_{bb}^g]\{\ddot{u}_b'(n-1)\} & 0\leqslant n\leqslant n_c\\ -\sum\limits_{k=n-n_c}^{n-2}[\overline{M}_{bb}^m(n-k)]\{\overline{\ddot{u}}_b'(k)\}-[M_{bb}^g]\{\ddot{u}_b'(n-1)\} & n>n_c\end{cases}$$

$$(n_n=t_s/\Delta t) \tag{6-14}$$

$$[\bar{M}_{bb}^{m}(n-k)]=\int_{k\Delta t}^{(k+1)\Delta t}[M_{bb}^{m}(t-\tau)]\mathrm{d}\tau \tag{6-15}$$

$$\{\bar{\ddot{u}}'_{b}(k)\}=\frac{1}{2}(\{\ddot{u}'_{b}(k)\}+\{\ddot{u}'_{b}(k+1)\}) \tag{6-16}$$

$$\{P'_{b}(n)\}=[M_{bb}^{g}]\{\ddot{u}_{b}^{f}(n)\}+[C_{bb}^{\infty}]\{\dot{u}_{b}^{f}(n)\}+[K_{bb}^{\infty}]\{u_{b}^{f}(n)\}-\{r_{b}^{f}(n)\} \tag{6-17}$$

6.3 裂纹扩展过程中裂纹面的接触问题

当存在裂纹的结构承受地震等循环荷载作用时，由于结构的往复运动，裂纹表面会发生张开和闭合现象，本书通过采用接触理论考虑了裂纹面之间摩擦接触对大坝动力响应的影响。

对于接触问题，结构边界除了包括指定位移的 Dirichlet 边界和指定面力的 Neumann 边界外，还包括可能接触边界，在这些边界上，需要满足与接触状态相关联的约束条件，而接触状态又由接触面相对位移和作用在其上的接触力所确定，因此接触问题属于状态非线性问题。对于接触问题的求解，首先通过罚函数方法、拉格朗日乘子法、增广拉格朗日乘子法等方法以接触力做功的形式将接触约束条件施加到结构的总能量泛函中，该泛函具有非线性、非光滑性的特点。然后根据变分原理或变分不等式理论，得到接触体系的控制平衡方程，其中，刚度阵中与接触边界自由度相关的部分是与接触自由度的位移相关的，因此平衡方程呈现非线性特性，需采用迭代方法进行求解。对于控制方程，一般采用“试验-误差”迭代方法和数学规划方法进行求解。在“试验-误差”方法，一般采用经典 Newton-Raphson 迭代方法，每次迭代过程中，首先要根据当前接触力和接触位移假定接触条件，然后利用接触条件对平衡方程中的刚度阵和荷载项进行修正，再求解平衡方程，得到新的接触力和接触位移，验证接触条件是否与假定接触状态一致，如果一致，则迭代结束，得到同时满足平衡方程和接触条件的解，如不一致，则需继续进行迭代。但是经典 Newton-Raphson 迭代方法适于光滑函数，而接触问题具有非光滑特性使得该方法的收敛性难以得到保证。数学规划方法则是将接触问题看作是约束优化问题，将接触条件表示为线性互补、非线性互补（可用等价的非光滑方程组表示）、B-可微方程组等形式，然后利用收敛性具有数学理论保证的优化算法进行求解。在这一方法中，通常是将系统平衡方程和接触条件方程同时进行求解。

对于采用拉格朗日乘子法施加接触约束的方法，如果接触边界自由度个数较少，为了提高求解效率，当结构材料为线弹性材料时，可先将平衡方程凝聚到接触边界上，然后利用数学规划算法对接触方程进行迭代求解，得到接触力，再将求得的接触力当作外力求解结构位移响应。

本书在比例边界有限元框架下，采用数学规划方法来求解裂纹面在往复循环荷载作用下的摩擦接触问题，其中接触条件采用 B-可微方程组的形式来表示，其求解则采用 B-可微阻尼牛顿法。

6.3.1 弹性静力摩擦接触问题的基本描述

1. 摩擦接触问题的基本假定

假设两个接触体 Ω^1 和 Ω^2 相接触，如图 6-5 所示。

(1) 两个接触体 Ω^1 和 Ω^2 的可能接触边界分别为 S^1 和 S^2，假设接触边界的间隙足够小。

(2) 接触体为弹性体，在外力作用下，处于小变形和小应变状态，再由基本假定 (1)，可采用接触点对模型进行接触条件施加和检验。

(3) 对于在接触面的每一个接触点对，都定义一个法向 $\vec{n}$，其方向由 Ω^2 指向 Ω^1，根据右手法则，可定义接触点对的切向方向 $\vec{a}$。

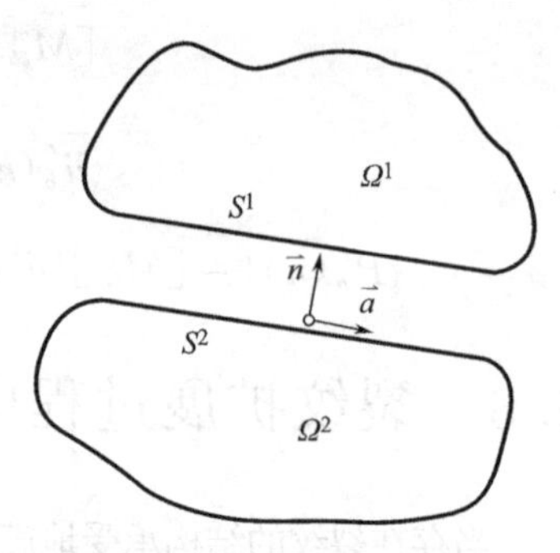

图 6-5　弹性摩擦接触体系

2. 系统的平衡方程及已知边界条件

对于弹性摩擦接触系统的每个弹性体 Ω^α ($\alpha=1, 2$)，其边界 S^1 和 S^2 包括三部分：已知力边界 S_{q}^α、位移边界 S_{u}^α 和可能接触边界 S_{c}^α。由于摩擦力是非保守的，所以接触问题的解是和加载路径相关的，需要用增量方法进行求解。t 时刻弹性静力摩擦接触系统需满足的方程如下：

平衡方程

$$d\sigma_{ij,j}^\alpha + d\bar{b}_i^\alpha = 0 \tag{6-18}$$

本构关系

$$d\sigma_{ij}^\alpha = C_{ijkl}\, d\varepsilon_{kl}^\alpha \tag{6-19}$$

几何方程

$$d\varepsilon_{ij}^\alpha = \frac{1}{2}(du_{i,j}^\alpha + du_{j,i}^\alpha) \tag{6-20}$$

式 (6-18)～式 (6-20) 对 $x_i^\alpha \in \Omega^\alpha$ 内部的点成立。

边界条件

$$d\sigma_{ij}^\alpha n_j^\alpha = d\overline{q}_i^\alpha \quad \text{for} \quad x_i^\alpha \in S_q^\alpha \tag{6-21}$$

$$du_i^\alpha = d\overline{u}_i^\alpha \quad \text{for} \quad x_i^\alpha \in S_u^\alpha \tag{6-22}$$

式 (6-18)～式 (6-22) 中，u_i^α、σ_{ij}^α 和 ε_{ij}^α 分别为位移、应力和应变张量；du_i^α、$d\sigma_{ij}^\alpha$ 和 $d\varepsilon_{ij}^\alpha$ 为相应的增量；$d\overline{u}_i^\alpha$、$d\overline{b}_i^\alpha$ 和 $d\overline{q}_i^\alpha$ 分别为已知的边界位移增量、体力增量和边界表面力增量；C_{ijkl} 为材料的弹性矩阵。除了给定外力和给定位移边界条件，对于接触问题，还需考虑在可能接触边界上的摩擦接触条件。

3. 局部坐标系下的接触条件

整体坐标系下，每个接触点对的相对位移的全量和增量可表示为

$$\Delta u_i = x_i^1 - x_i^2 + u_i^1 - u_i^2 = \Delta u_i^0 + u_i^1 - u_i^2, \quad (i=1, 2) \tag{6-23}$$

$$\Delta u_i^0 = x_i^1 - x_i^2, \quad (i=1, 2) \tag{6-24}$$

$$\Delta du_i = du_i^1 - du_i^2, \quad (i=1, 2) \tag{6-25}$$

式中，Δu_i^0 和 Δu_i 分别表示初始时刻和 t 时刻两个接触体的相对位移全量，u_i^α 表示 t 时刻接触体 Ω^α 上质点的位移分量，x_i^α 表示接触体 Ω^α 上质点的坐标分量；Δdu_i 表示 t 时刻两个接触体的相对位移增量，du_i^α 表示 t 时刻接触体 Ω^α 上质点的位移增量分量。若 $t-dt$ 时刻的两个接触体的相对位移全量为 $\Delta\overline{u}_i$，则有

$$\Delta u_i = \Delta\overline{u}_i + \Delta du_i \tag{6-26}$$

摩擦接触条件是建立在接触点对处的局部坐标下的，如图 6-5 所示，局部坐标系由法

向 $\vec{n}$ 和切向 $\vec{a}$ 组成右手坐标系。

对于每个接触点对，采用接触力（法向接触力 P_n 和切向接触力 P_a ）和接触点对的相对位移表示摩擦接触条件。摩擦接触条件表示如下：

（1）作用力与反作用力原理：

$$P_n^1=-P_n^2=P_n,\quad P_a^1=-P_a^2=P_a \tag{6-27}$$

式中，P_i^1，$P_i^2(i=n,\ a)$ 分别为作用在接触体 Ω^1 和 Ω^2 上的接触力，根据公共接触面上局部坐标系的定义，P_n 受压为正。

（2）法向接触力为压力及法向非嵌入条件分别为：

脱开状态

$$P_n=0 \quad 且\ \Delta u_n\geqslant 0 \tag{6-28}$$

黏着和滑动状态

$$P_n\geqslant 0 \quad 且\ \Delta u_n=0 \tag{6-29}$$

（3）库仑摩擦定律：

黏着状态

$$|P_a|<\mu P_n \quad 且\ |\Delta du_a|=0 \tag{6-30}$$

滑动状态

$$|P_a|=\mu P_n \quad 且\ |\Delta du_a|>0 \tag{6-31}$$

式中，μ 为接触面的摩擦系数。

6.3.2 二维静力摩擦接触问题接触条件的B-可微方程组形式

本书采用B-可微方程组方法求解摩擦接触问题。首先需将接触条件写成B-可微方程组的形式。

1. 法向压力及非嵌入条件

$$\min\{r\Delta u_n,\ P_n\}=0 \tag{6-32}$$

式中，r 为任意正实数。

2. 切向库仑摩擦定律

库仑摩擦定律通过最大逸散功原理表示成变分不等式的形式：

下面上标 ‘i’ 表示第 i 个接触点对。对于 $\forall q_a^i\in\Gamma(\mu P_n^i)$ ，如果 $P_a^i\in\Gamma(\mu P_n^i)$ ，则

$$\Delta\dot{u}_a^i(q_a^i-P_a^i)\geqslant 0 \tag{6-33}$$

式中，$\Gamma(\gamma)$ 为切向接触力的可行集，$\Gamma(\gamma)=\{q_a^i\in R|\quad q_a^2\leqslant\gamma^2\}$ ，$\gamma\in R_+$ ，R_+ 是正实数集合，R 是实数空间。$\Delta\dot{u}_a^i$ 为接触点对的相对速度。用向后欧拉方法对式（6-33）中的速度项进行时间离散可得：

$$\Delta du_a^i(q_a^i-P_a^i)\geqslant 0 \tag{6-34}$$

令 Π_i 表示向圆盘 $\Gamma(\mu P_n^i)$ 上的Euclidean投影算子，则对于任意 $r>0$ ，式（6-34）变为

$$P_a^i=\Pi_i P_a^i(r)=\begin{cases}P_a^i(r) & P_a^i(r)\in\Gamma(\mu P_n^i)\\ \dfrac{\mu(P_n^i)_+}{|P_a^i(r)|}P_a^i(r) & P_a^i(r)\notin\Gamma(\mu P_n^i)\end{cases} \tag{6-35}$$

也可写成更简洁的形式

$$P_a^i = \min\left(\frac{\mu(P_n^i)}{|P_a^i(r)|},\ 1\right) P_a^i(r) \tag{6-36}$$

式中，$P_a^i(r) = P_a^i - r\Delta du_a^i$，　$(P_n^i)_+ = \begin{cases} P_n^i & \text{if} \quad P_n^i \geqslant 0 \\ 0 & \text{if} \quad P_n^i < 0 \end{cases}$

其中，规定 $0/0=1$；r 对于不同的接触点对可以取不同的值；函数 min 和 Euclide 投影算子都是 B-可微的。

6.3.3　二维弹性摩擦接触问题的B-可微方程组形式及求解

1. 二维弹性摩擦接触问题的 B-可微方程组形式

二维弹性静力摩擦接触问题可表示为

$$H = [H_1,\ H_2,\ H_3]^{\mathrm{T}} = \{0\} \tag{6-37}$$

其中，H_1 为平衡方程，$H_2 \sim H_3$ 为表示接触条件的 B-可微方程组（6-32）和（6-36），未知量为位移和接触点对处的接触力。

$$H_1 = K\,du - C_n dP_n - C_a dP_a - dR = 0 \tag{6-38}$$

$$H_2 = \{h_2^i\} = \min\{r\Delta u_n^i,\ P_n^i\} = 0 \quad ,\ i=1,\ 2,\ \cdots,\ NC \tag{6-39}$$

$$H_3 = \{h_3^i\} = \{P_a^i - \lambda P_a^i(r)\} = 0 \quad ,\ i=1,\ 2,\ \cdots,\ NC \tag{6-40}$$

$$\lambda = \min\left\{\frac{\mu(P_n^i)_+}{|P_a^i(r)|},\ 1\right\} = \min\{\beta,\ 1\} \tag{6-41}$$

这里，记

$$\beta = \frac{\mu(P_n^i)_+}{|P_a^i(r)|} = \frac{\mu(P_n^i)_+}{\eta}, \qquad \eta = |P_a^i(r)| \tag{6-42}$$

其中，NC 表示接触点对的个数，式（6-38）中 $[C_n]$ 和 $[C_a]$ 是坐标转换矩阵，用于法向和切向接触力向整体坐标系进行转换。

方程组（6-37）可用 B-可微牛顿法来求解。对于线弹性材料，方程（6-38）中的刚度阵 $[K]$ 为常数，因此，在求解方程（6-37）时，可首先将平衡方程用式（6-38）凝聚到接触点对处，然后用 B-可微方程组方法求解式（6-39）～式（6-40）组成的方程组（未知量为接触力分量）得到接触力，再由式（6-38）求解位移。

2. B-可微阻尼牛顿法的求解步骤

在求解 B-可微方程 $F(X)=0$ 之前，首先定义一个效益函数：

$$g = \frac{1}{2} F^{\mathrm{T}} F \tag{6-43}$$

将方程组的求解问题转化为求一个无约束最小化问题：

$$\min \quad g \tag{6-44}$$

为了得到全局收敛性，采用基于广义导数的改进的阻尼牛顿法，具体步骤如下：

Step（步骤）1：令迭代步数 $k=0$，迭代收敛误差 $\varepsilon>0$，取初始向量 x^0，η，σ 为常数，且 $\eta \in (0,\ 1)$，$\sigma \in (0,\ 0.5)$；

Step2：选择 $V_k \in \partial_B(F(x^k))$，求解如下方程组可得 Δx^{k+1}

$$F(x^k) + V_k \Delta x^{k+1} = 0 \tag{6-45}$$

Step3：计算步长参数 $\alpha_k = \eta^{l_k}$ ，其中 l_k 为满足下式（6-46）的第一个非负整数 l，

$$g(x^k) - g(x^k + \eta^l \Delta x^{k+1}) \geqslant 2\eta^l \sigma g(x^k) \tag{6-46}$$

令 $x^{k+1} = x^k + \alpha_k \Delta x^{k+1}$

Step4：若 $g(x^{k+1}) < \varepsilon$，则停止，否则令 $k = k+1$，转回到Step2。

6.3.4 数值算例

如图6-6所示，将两个尺寸相同的悬臂梁叠放在一起；每个梁的尺寸为6.0m×1.5m；梁的左端固定；在上部梁的右端顶部沿竖向（y 方向）作用一个集中荷载 F＝100kN。两个梁之间的初始间距为0，它们的交界面是可能接触面。两个梁的材料属性均相同，其参数为：杨氏模量 E＝10GPa，泊松比 υ＝0.3，摩擦系数 μ 分别取0.0；0.2和0.5。忽略梁的重力影响，假定为平面应力状态。为了验证SBFEM和接触程序的正确性，将其计算结果和ANSYS软件接触的计算结果进行对比，两种方法主要对以下几种情况进行分析：摩擦系数 μ 分别取0.0；0.2和0.5。

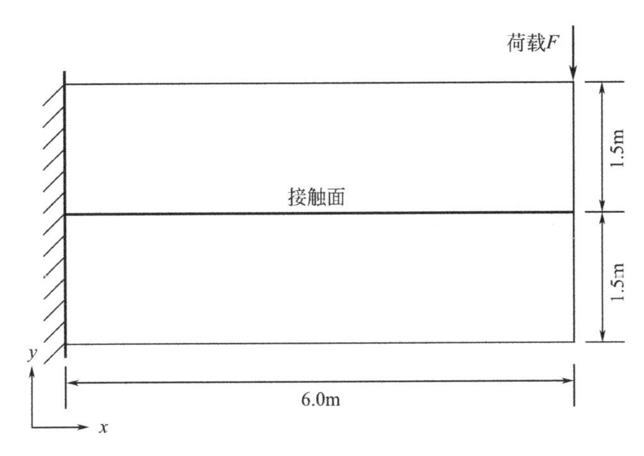

图6-6 悬臂叠梁接触问题的载荷和几何尺寸（单位：m）

1. SBFEM求解静力接触问题

如图6-7所示，分别将每个梁视为一个超单元，只在每个超单元的边界用三节点线单元进行离散（其节点用小黑点‘•’标识，每个超单元有80个离散节点），它们的相似中心位于梁的形心处。两个梁采用相同的网格密度，所以可采用网格匹配的接触面模型进行分析。将两个梁的相邻边（交界面）上相同坐标的两个节点定义为公共接触面的一个接触点对（用‘*’标识），共计32个（P_1～P_{32}）。

2. ANSYS求解静力接触问题

如图6-8所示，悬臂叠梁用ANSYS的PLANE82单元（平面八节点单元）进行离散，共计1698个节点；梁的左端采用全约束。为了和相同位置的接触点对用SBFEM求解时的计算结果进行对比，ANSYS计算采用的网格加密一倍，这时公共接触面上输出32个接触点对的结果；本书采用的接触类型为面-面接触。

如图6-9所示的分别是SBFEM和ANSYS计算得到的考虑不同摩擦系数双悬臂梁的主拉应力 S_1 的放大100倍的变形图。从图中可以看出，对于不同摩擦系数，两种方法得

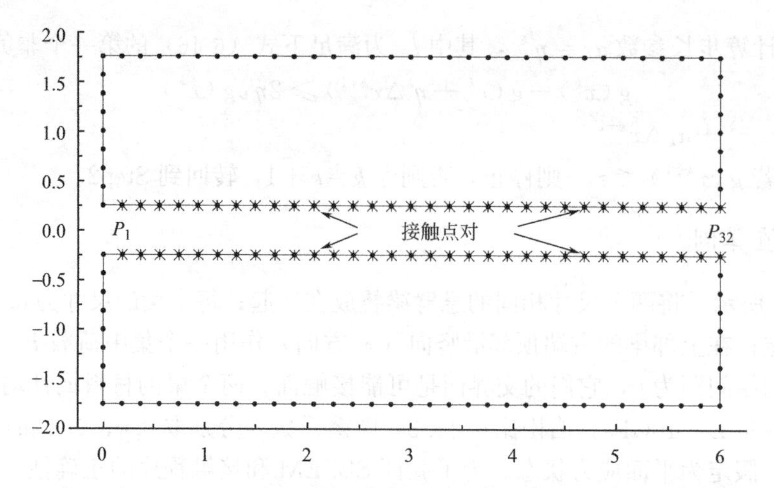

图 6-7　基于 SBFEM 悬臂叠梁接触问题的网格离散和接触点对的选取（单位：m）

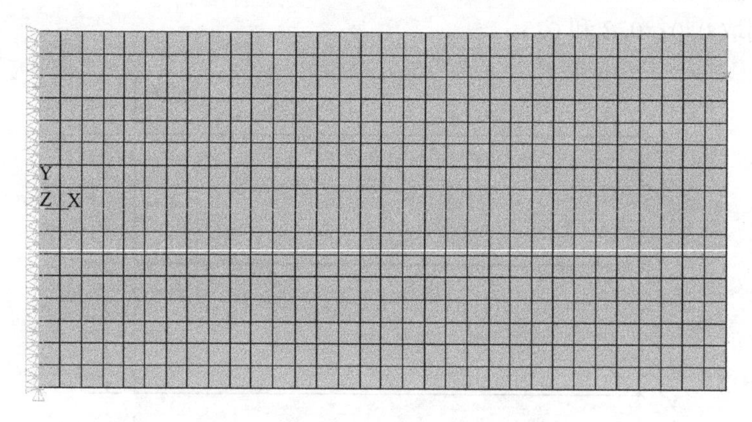

图 6-8　ANSYS 求解悬臂叠梁接触问题的网格离散（单位：m）

到的主拉应力 S_1 的峰值及分布符合得非常好。而且上下两个悬臂梁皆是上部受拉，峰值出现在左侧约束处。由于考虑了两个梁之间的接触，两个梁之间未发生嵌入，这和实际的情况十分相符。通过对不同摩擦系数的悬臂叠梁的主拉应力 S_1 分布图（图 6-9a，图 6-9c 和图 6-9e）的对比可知，随着摩擦系数的增加，SBFEM 计算得到的悬臂叠梁的应力分布情况几乎一致，只是上部的受拉区域略微变小，而且 ANSYS 的结果也验证了这一情况。

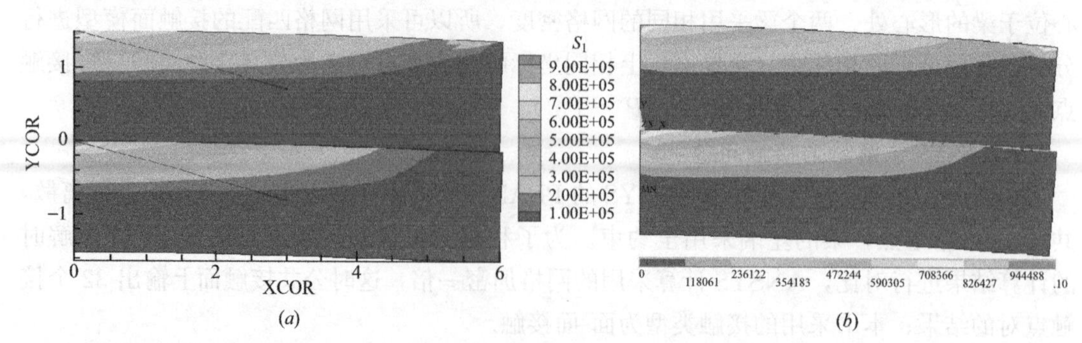

图 6-9　基于 SBFEM 和 ANSYS 考虑不同摩擦系数的悬臂叠梁的主拉应力 S_1 分布图（一）

(a) S_1（SBFEM，$\mu=0.0$）；(b) S_1（ANSYS，$\mu=0.0$）

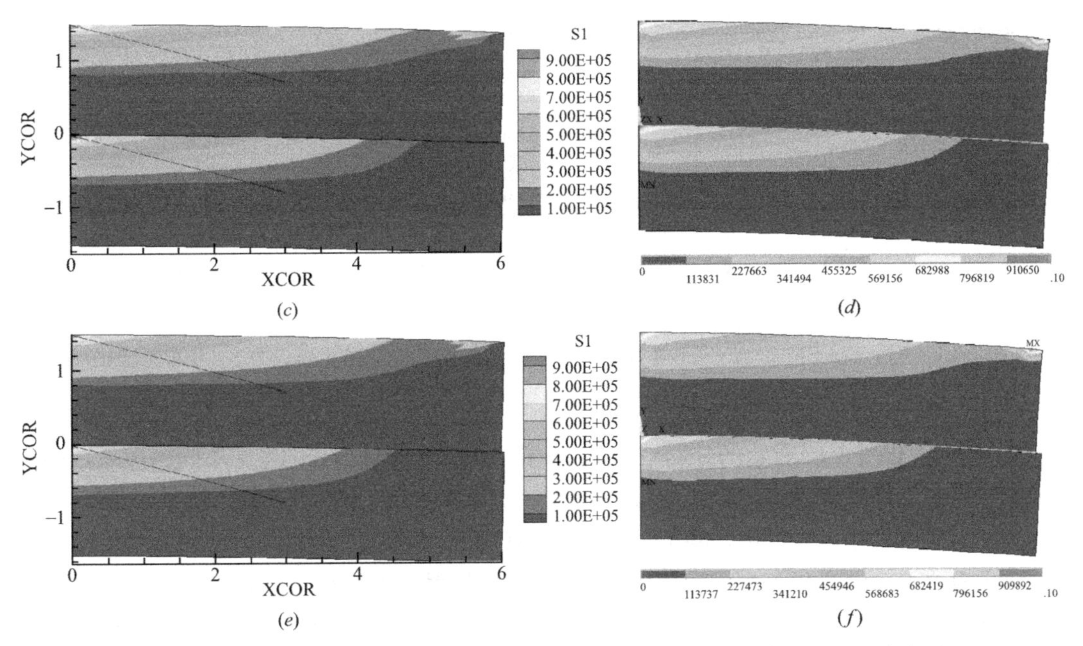

(c)　(d)　(e)　(f)

图 6-9　基于 SBFEM 和 ANSYS 考虑不同摩擦系数的悬臂叠梁的主拉应力 S_1 分布图（二）

(c) S_1 (SBFEM, $\mu=0.2$)；(d) S_1 (ANSYS, $\mu=0.2$)；

(e) S_1 (SBFEM, $\mu=0.5$)；(f) S_1 (ANSYS, $\mu=0.5$)

SBFEM 和 ANSYS 计算得到的考虑不同摩擦系数双悬臂梁的主压应力 S_3 的放大 100 倍的变形如图 6-10 所示，从图中可见，两个梁的下部是受压的，所得到的结论和前面对主拉应力 S_1 的分析结果类似。

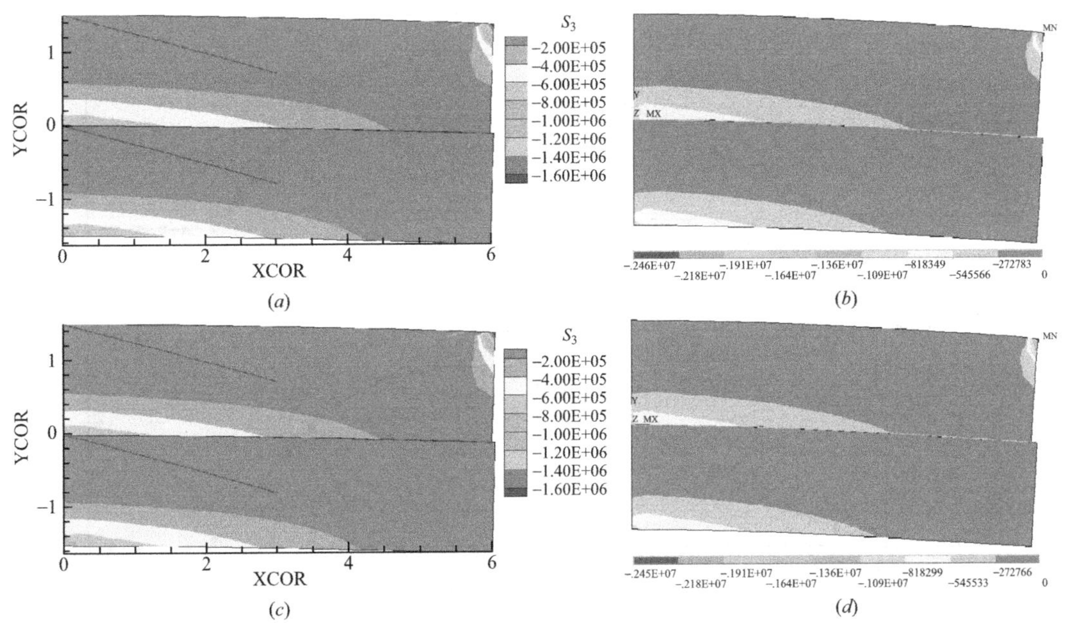

(a)　(b)　(c)　(d)

图 6-10　基于 SBFEM 和 ANSYS 考虑不同摩擦系数的悬臂叠梁的主压应力 S_3 分布图（一）

(a) S_3 (SBFEM, $\mu=0.0$)；(b) S_3 (ANSYS, $\mu=0.0$)；

(c) S_3 (SBFEM, $\mu=0.2$)；(d) S_3 (ANSYS, $\mu=0.2$)

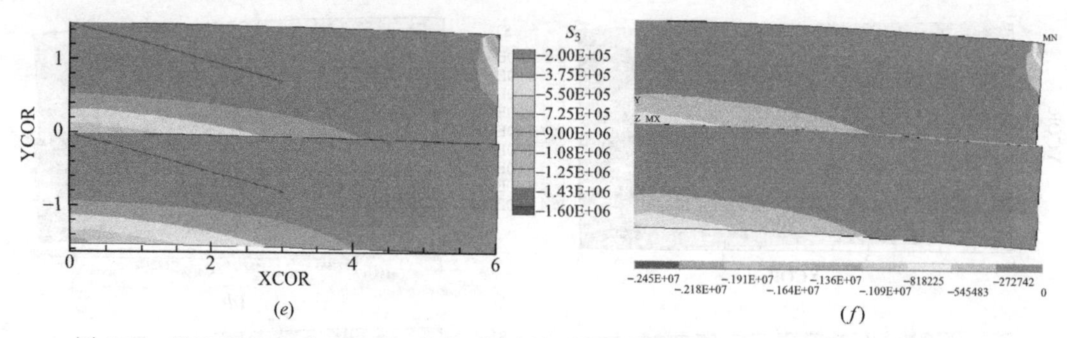

(e)　　　　　　　　　　(f)

图 6-10　基于 SBFEM 和 ANSYS 考虑不同摩擦系数的悬臂叠梁的主压应力 S_3 分布图（二）

(e) S_3（SBFEM，$\mu=0.5$）；(f) S_3（ANSYS，$\mu=0.5$）

如图 6-11 和图 6-12 所示的分别是 SBFEM 和 ANSYS 计算得到的考虑不同摩擦系数的悬臂叠梁接触点对的法向和切向接触位移。从图 6-11 可以看出，两种方法得到的每个接触点对的法向接触位移几乎完全一致，除了右侧的两个接触点对（P_{26} 和 P_{27}），两种方法的结果之间的误差都在 5.0%以内。通过对比不同摩擦系数的接触点的法向接触位移曲线（图 6-11*a-c*）还可以看出，对于不同摩擦系数，接触点对的法向接触位移差别很小，其中，当 $\mu=0.0$ 时，SBFEM 计算曲线的峰值为 9.87×10^{-3}mm，ANSYS 计算曲线的峰值为 9.85×10^{-3}mm；当 $\mu=0.2$ 时，SBFEM 计算曲线的峰值为 9.87×10^{-3}mm，ANSYS 计算曲线的峰值为 10.06×10^{-3}mm；当 $\mu=0.5$ 时，SBFEM 计算曲线的峰值为 9.87×10^{-3}mm，ANSYS 计算曲线的峰值为 10.06×10^{-3}mm。如图 6-12 所示，两种方法得到的每个接触点对的切向接触位移曲线几乎完全重合，两种方法的结果之间的误差皆小于 0.8%。通过对比切向接触位移曲线（图 6-12*a-c*），可知，随着摩擦系数 μ 的增加，切向接触位移逐渐变小。

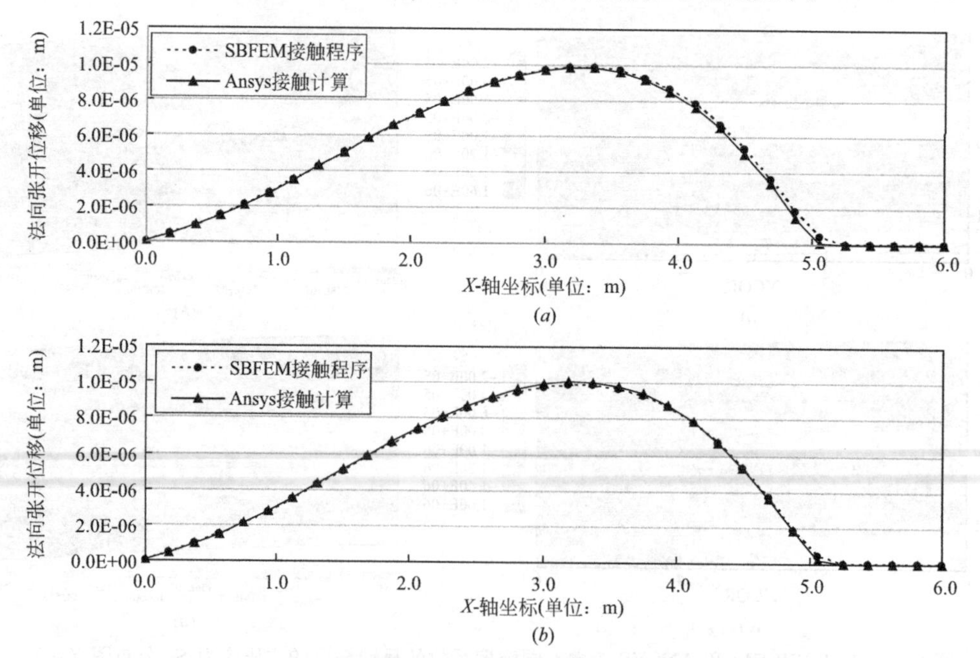

(a)

(b)

图 6-11　考虑不同摩擦系数的悬臂叠梁接触点对的法向接触位移的结果对比（一）

(a) 法向接触位移（$\mu=0.0$）；(b) 法向接触位移（$\mu=0.2$）

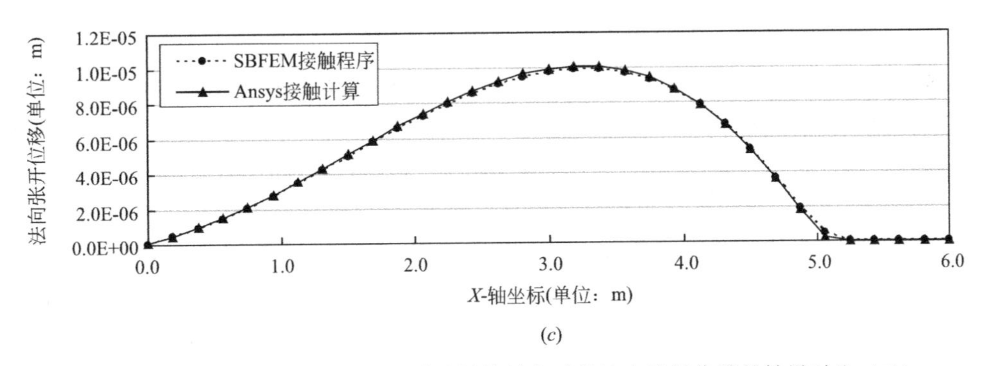

(c)

图 6-11 考虑不同摩擦系数的悬臂叠梁接触点对的法向接触位移的结果对比（二）

（c）法向接触位移（$\mu=0.5$）

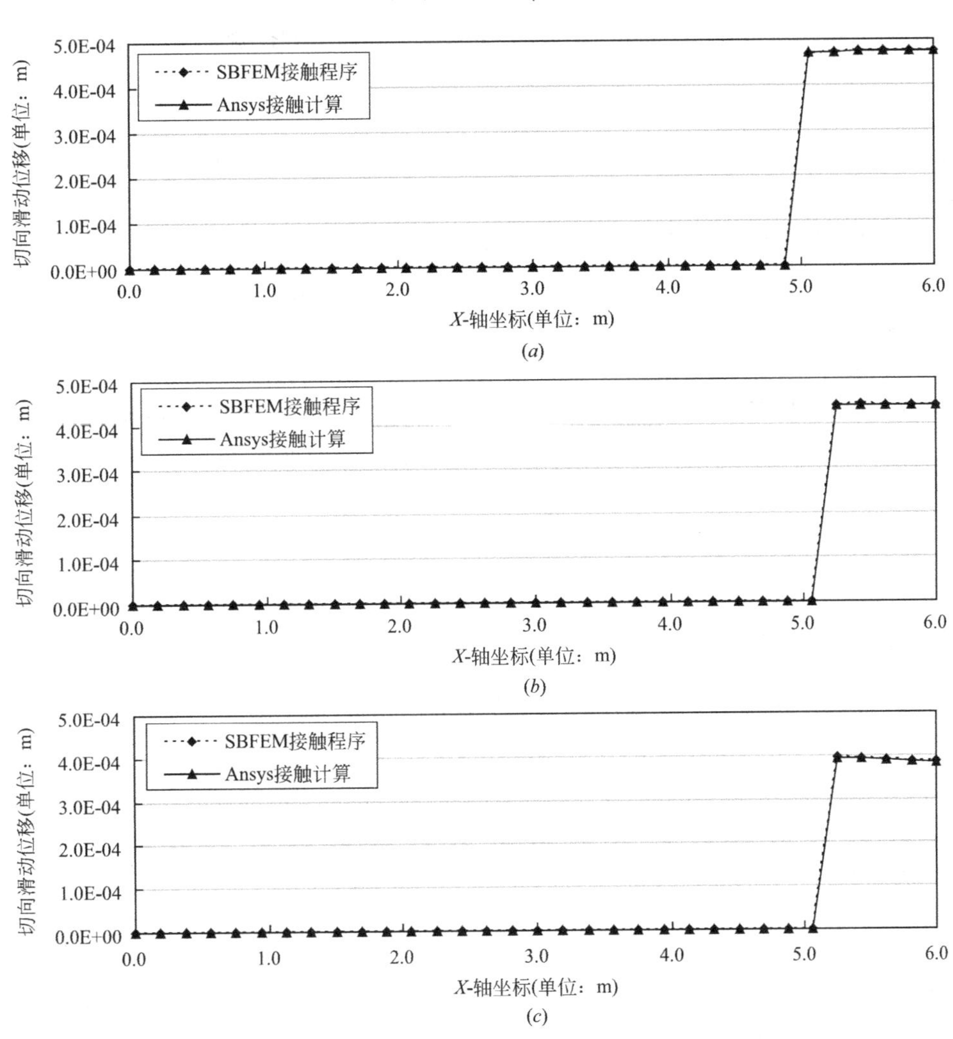

(c)

图 6-12 考虑不同摩擦系数的悬臂叠梁接触点对的切向接触位移的结果对比

（a）切向接触位移（$\mu=0.0$）；（b）切向接触位移（$\mu=0.2$）；（c）切向接触位移（$\mu=0.5$）

结合接触点对的法向接触位移曲线（图 6-11）和接触点对的切向接触位移曲线（图 6-12）可以看出，当摩擦系数 $\mu=0.0$ 时，右侧的 6 个接触点对（$P_{27}\sim P_{32}$）处于接触状态，而剩余接触点对处于分离状态；而当摩擦系数 μ 取 0.2 和 0.5 时，则只有右侧的 5 个接触点对（$P_{28} \sim P_{32}$）处于接触状态。由于 ANSYS 求解接触问题时输出的是分布力，而 SBFEM 的求解结果是节点集中力，为了方便对两种方法的计算结果进行对比，我们只对法向和切向总的接触力进行分析。当摩擦系数 $\mu=0.0$ 时，SBFEM 计算得到的法向总的接触力为 53.64kN，ANSYS 计算得到的法向总的接触力为 54.52kN，两种方法计算得到的切向总的接触力为 0；当摩擦系数 $\mu=0.2$ 时，SBFEM 计算得到的法向总的接触力为 53.64kN，切向为 10.73kN，ANSYS 计算得到的法向总的接触力为 53.88kN，切向为 10.78kN；当摩擦系数 $\mu=0.5$ 时，SBFEM 计算得到的法向总的接触力为 53.64kN，切向为 26.82kN，ANSYS 计算得到的法向总的接触力为 54.16kN，切向为 27.08kN。从上面的分析可以看出，随着摩擦系数 μ 的增加，切向接触位移逐渐变小，而切向接触力逐渐增大；而不同的摩擦系数对整个结构的应力分布及法向接触力和接触位移影响不大。

6.3.5 小结

本节简单地介绍了二维摩擦接触问题的基本假定、边界条件、局部坐标系下的接触条件及接触问题的 B-可微方程组形式及其解法等。针对两个悬臂叠梁之间的接触问题，通过和 ANSYS 的计算结果进行对比，验证了采用 SBFEM 与 B-可微方程组方法相结合求解接触问题的正确性。在该例题中，由于 SBFEM 仅需要对环向边界进行离散，因此，与有限元方法相比较，可采用较少的节点进行求解，提高了计算效率。

对于含裂纹的结构，当受到往复循环荷载作用时，裂纹面会发生摩擦接触现象，可采用本书提出的 SBFEM 与 B-可微方程组方法结合的接触算法，通过在两个裂纹面上引入接触条件，从而更合理地描述裂纹面之间的接触运动状态，避免裂纹面在闭合时发生相互嵌入。

6.4 Koyna 重力坝的地震响应分析

6.4.1 基本情况介绍

Koyna 坝是少数几个有完整地震记录且在强震中破坏的重力坝之一，常被作为大坝抗震分析的研究对象。用于本书分析的 Koyna 坝坝体的体型和几何尺寸如图 6-13 所示（本书将坝体上游面用竖直面近似），其中，坝高 103m，坝顶宽度 14.8m，下游坝面的折坡角处位于 66.5m，正常水位为 91.75m。坝体的材料参数为：弹性模量 $E_1=31.0\text{GPa}$，泊松比 $\upsilon_1=0.15$，密度 $\rho_1=2643\text{kg/m}^3$，断裂韧性为 $3.0\text{MPa}\sqrt{m}$。地基的材料参数为：弹性模量 $E_2=12.0\text{GPa}$，泊松比 $\upsilon_2=0.25$，密度 $\rho_2=2500\text{kg/m}^3$。库水的密度 $\rho_f=1000\text{kg/m}^3$，动水压力根据 Westergaard 附加质量公式计算，并叠加到坝上游面的节点上，在图 6-14（*c*）和图 6-14（*d*）

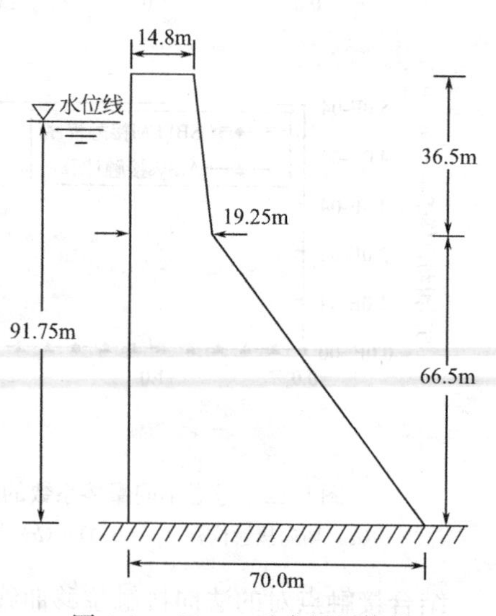

图 6-13　Koyna 重力坝坝体的体型和几何尺寸（单位：m）

中用“*”标识。本章采用 Newmark 积分的增量形式来进行时域分析，积分常数取 $\delta=0.5$ 和 $\beta=0.25$。Rayleigh 阻尼比取 0.05。

6.4.2 Koyna 大坝线弹性动力分析

为了验证 6.2 节大坝-地基动力相互作用 SBFEM 程序实现的正确性，同时为后面的 Koyna 坝动力断裂分析及动态裂纹扩展模拟提供参考，本节分别使用 ANSYS 软件和 SBFEM 程序对 Koyna 坝进行线弹性静动力响应分析。

如图 6-14（*a*）所示，模型 1 为 ANSYS 计算的有限元模型，大坝和地基皆采用 plane42 面单元离散，共计 2649 个节点，其中地基为无质量地基，其尺寸为由坝底分别向下及两侧取 2 倍坝高，如图 6-14（*c*）所示的是坝体的网格剖分图。如图 6-14（*b*）所示，模型 2 为考虑大坝-地基动力相互作用分析的 SBFEM 模型，大坝和有限地基分别用 8 和 10 个超单元来模拟，而超单元的边界用 3 节点线单元离散，共计 241 个节点，其中近场地基区域是以坝底中心为圆心的半圆，其半径取 1.5 倍坝底宽，而远场地基由近场地基外边界（近场地基与远场地基的交界面）上的网格构成的超单元来模拟（如图 6-14*b* 中虚线所示），其相似中心取在坝底中心处，如图 6-14（*d*）所示的是坝体的 SBFEM 网格图。模型 3 中大坝和地基的网格离散和模型 2 中大坝和近场地基的网格离散一样，不同的是没有模拟远场地基，只在近场地基的外边界（如图 6-14*b* 中虚线所示）进行约束，且不考虑地基的质量。

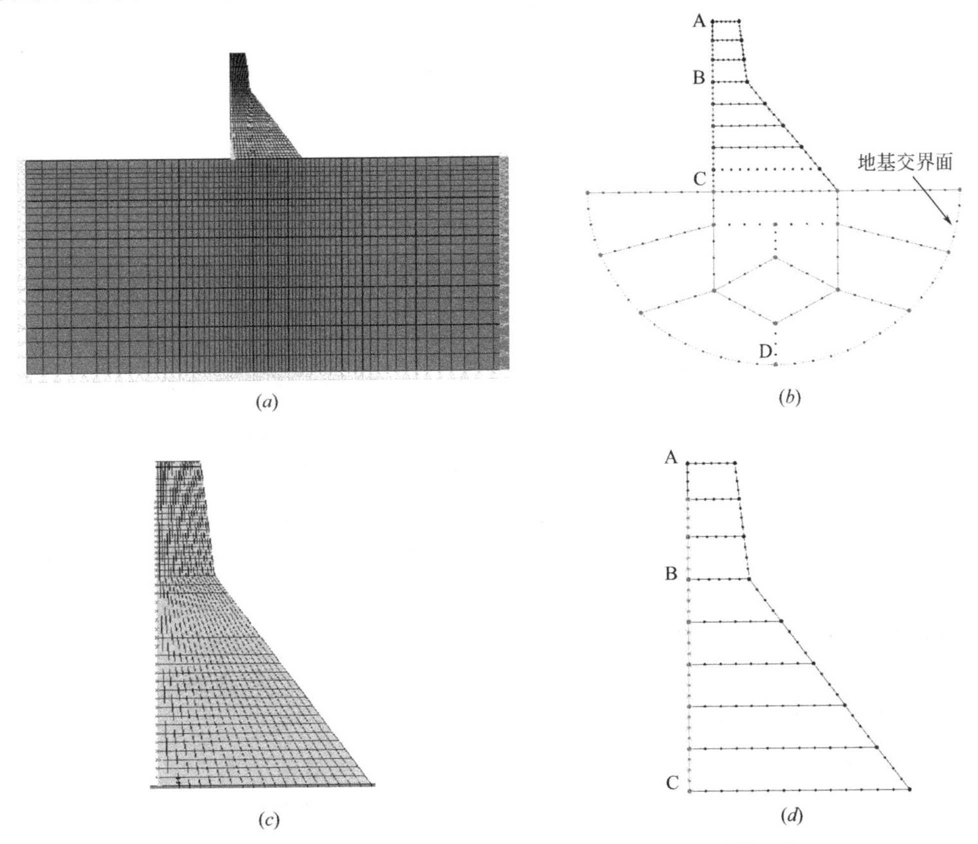

图 6-14 ANSYS 和 SBFEM 对 Koyna 坝动力分析的计算网格

（*a*）ANSYS 网格；（*b*）SBFEM 超单元及网格；（*c*）坝体的 ANSYS 网格；（*d*）坝体的 SBFEM 网格

如图 6-15 所示，本书使用的水平向和竖直向的输入地震动加速度时程为 Koyna 地震动记录，其中水平向峰值为 0.49g，竖直向峰值为 0.34g。对于上面的 3 个模型，通过计算下面的 2 个工况验证大坝-地基动力相互作用 SBFEM 程序实现的正确性：①地震荷载；②静水压力＋自重＋动水压力＋地震荷载。

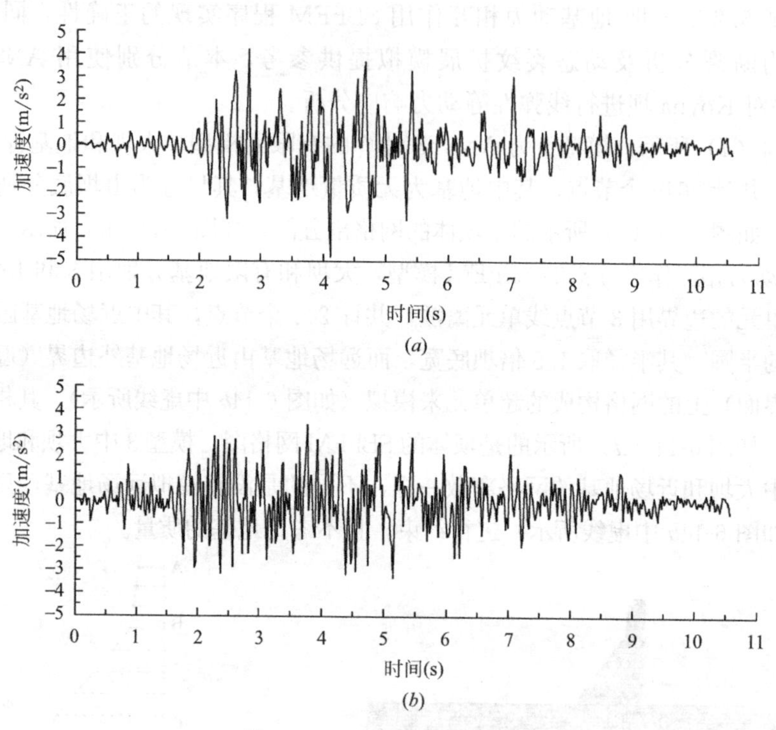

图 6-15　Koyna 地震动记录

(*a*) 水平向（峰值 0.49g）；(*b*) 竖直向（峰值 0.34g）

1. 工况①的结果分析

如图 6-16 所示的是整个坝体的方向应力最值分布云图，从图中可以看出三种模型的方向应力的分布趋势是一致的，且模型 1 和模型 3 由于皆采用无质量地基它们的应力结果较接近，而采用无限地基的模型 2 两个方向的应力结果都比其他两种模型的应力结果小。如图 6-16 所示，三种模型均在下游折坡点至坝址的下游面邻近的坝体区域及上游面坝踵邻近的坝体区域的水平方向正应力较大，模型 1 为 0.89～2.7MPa，模型 2 为 0.82～2.0MPa，模型 3 为 0.83～2.8MPa，特别是在下游折坡点、下游面坝址和上游面坝踵的局部出现不同程度的应力集中现象。三种模型的竖直方向正应力在下游折坡点至坝址的下游面邻近的很大的坝体区域以及其对应的上游面的更大的坝体区域较大，模型 1 为 3.0～9.0MPa，模型 2 为 2.1～6.0MPa，模型 3 为 2.8～9.5MPa，三种模型在下游折坡点处同样出现了局部的应力集中现象。

如图 6-17 所示的是三种模型得到的整个坝体的主应力最值分布云图，从图中可以看出，三种模型的主应力的分布趋势也是一致的，且其分布形式与竖直方向正应力类似，即在下游折坡点处出现了局部的应力集中现象，在折坡点至坝址的下游面周围以及其对应的上游面至坝踵很大的坝体区域有较大的主应力分布，对于主拉应力，模型 1 为 2.3～10.4MPa，

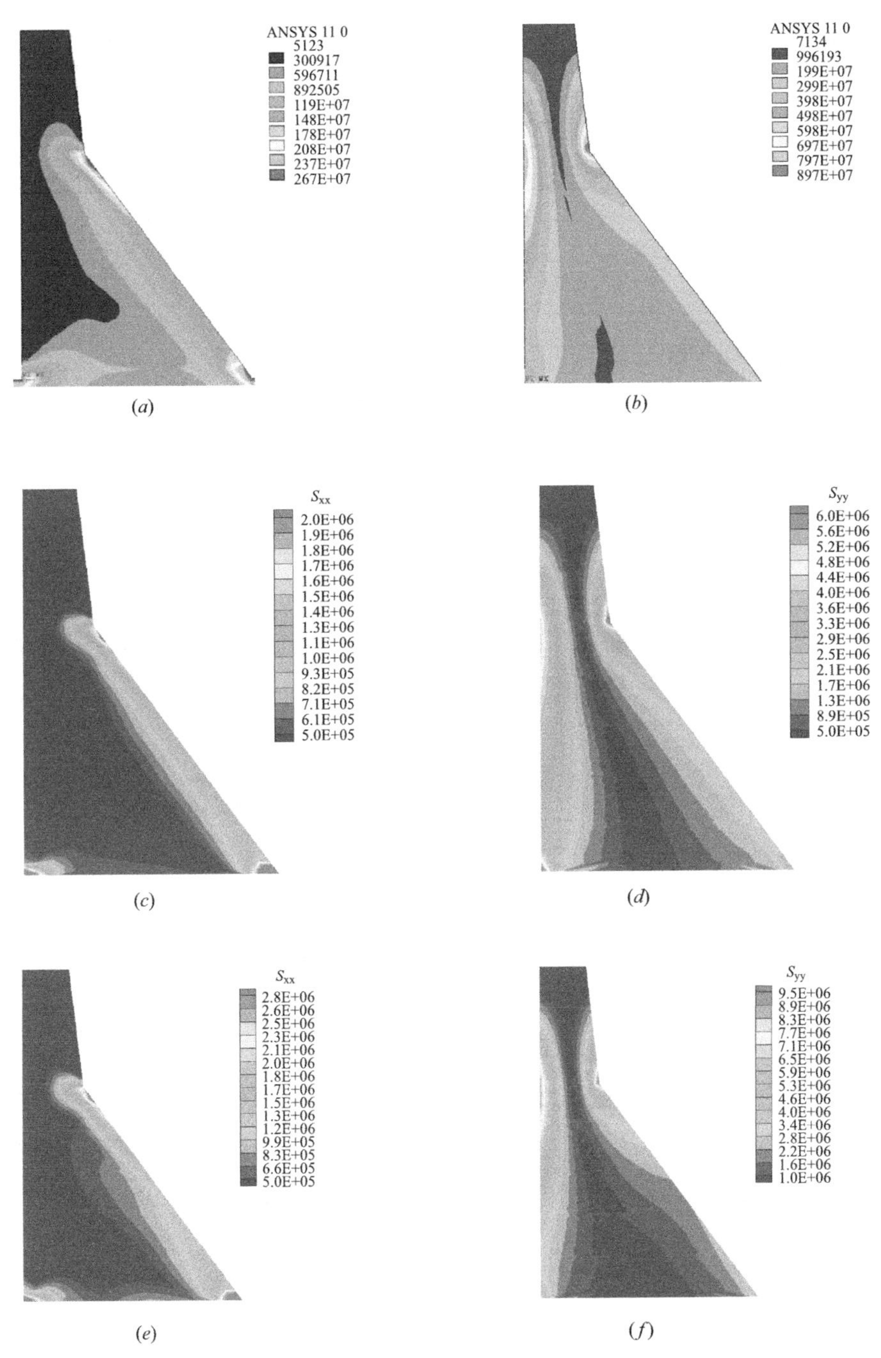

图 6-16 只有地震作用时 Koyna 坝的方向应力分布图

(*a*) x 方向应力 S_x（模型 1）；(*b*) y 方向应力 S_y（模型 1）；(*c*) x 方向应力 S_x（模型 2）；(*d*) y 方向应力 S_y（模型 2）；(*e*) x 方向应力 S_x（模型 3）；(*f*) y 方向应力 S_y（模型 3）

模型 2 为 1.6～6.0MPa，模型 3 为 2.2～9.0MPa，而主压应力的绝对值几乎和主拉应力相同。总体上讲，因为模型 1 和模型 3 都采用的是无质量地基，它们在方向应力和主应力的差别较小。但是在模型 2 中，SBFEM 被用于模拟无限域，能够自动无穷远处的辐射条

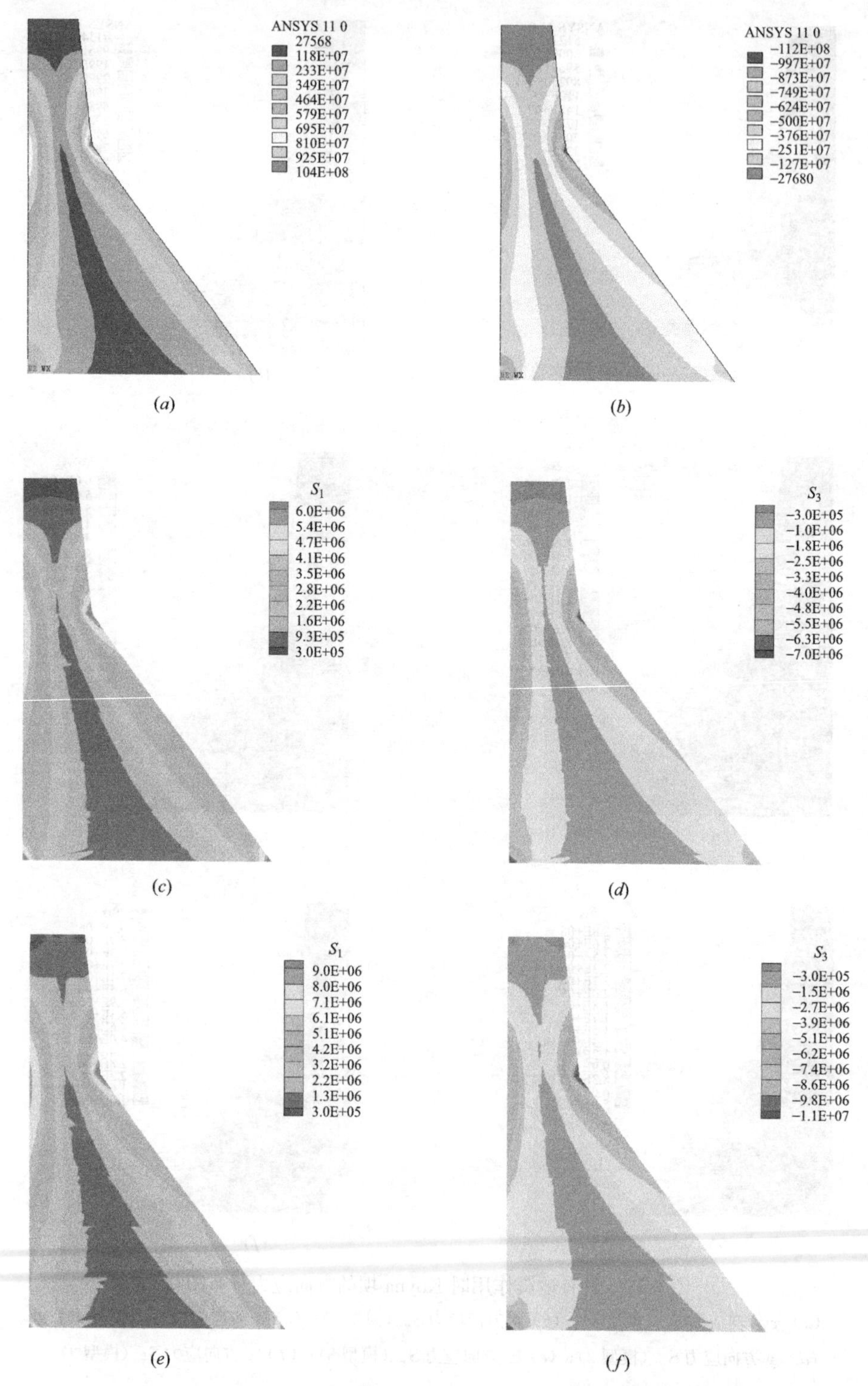

图 6-17 只有地震作用时 Koyna 坝的主应力分布图

(*a*) 主拉应力 S_1（模型 1）；(*b*) 主压应力 S_3（模型 1）；(*c*) 主拉应力 S_1（模型 2）；
(*d*) 主压应力 S_3（模型 2）；(*e*) 主拉应力 S_1（模型 3）；(*f*) 主压应力 S_3（模型 3）

件，它的应力较模型 1 和模型 3 有很大降低，一定程度上体现无限地基对地震波的耗散效应。另外，基于 SBFEM 的模型 2 和模型 3 总节点数较基于 FEM 的模型 1 要少得多，能够大幅降低计算量和存储量，更有利于实际的工程问题的求解。

如图 6-18 所示的分别为 Koyna 坝上游面不同高度位置 3 个模型计算得到水平向位移时程曲线的对比图。坝顶上游面 A 点的水平向位移时程曲线如图 6-18（*a*）所示，从图中可以看出，在地震作用的开始阶段，3 个模型得到的位移响应都非常小，此后皆是数倍于地震加速度的积分位移；模型 1 得到的位移响应在整个地震作用时间内都是最大的，模型 2 的位移响应最小，模型 3 的结果在峰值段介于前两种模型计算结果之间；对于 A 点水平向倾向下游的位移峰值（符号为正），模型 1 为 71.92mm，峰值出现时间为 4.57s，模型 2 为 48.79mm，峰值出现时间为 5.02s，模型 3 为 62.73mm，峰值出现时间为 4.92s，对于 A 点水平向倾向上游的位移峰值，模型 1 为－69.02mm，峰值出现时间为 4.78s，模型 2 为－51.05mm，峰值出现时间为 4.85s，模型 3 为－52.96mm，峰值出现时间为 4.78s。另外，模型 2 的位移时程曲线每个波峰出现的时间都明显地晚于其他两种方法，这主要因为模型 2 是在广义结构（近场地基和坝体）和远场地基交界面上进行地震动输入，考虑了二者之间的相互作用和无限域的影响。值得注意的是，对于同为采用惯性力地震动输入形式和无质量地基的模型 1 和模型 3，由于模型 1 的无质量地基区域是模型 3 的 6 倍左右，所以模型 1 的地基较模型 3 偏柔。

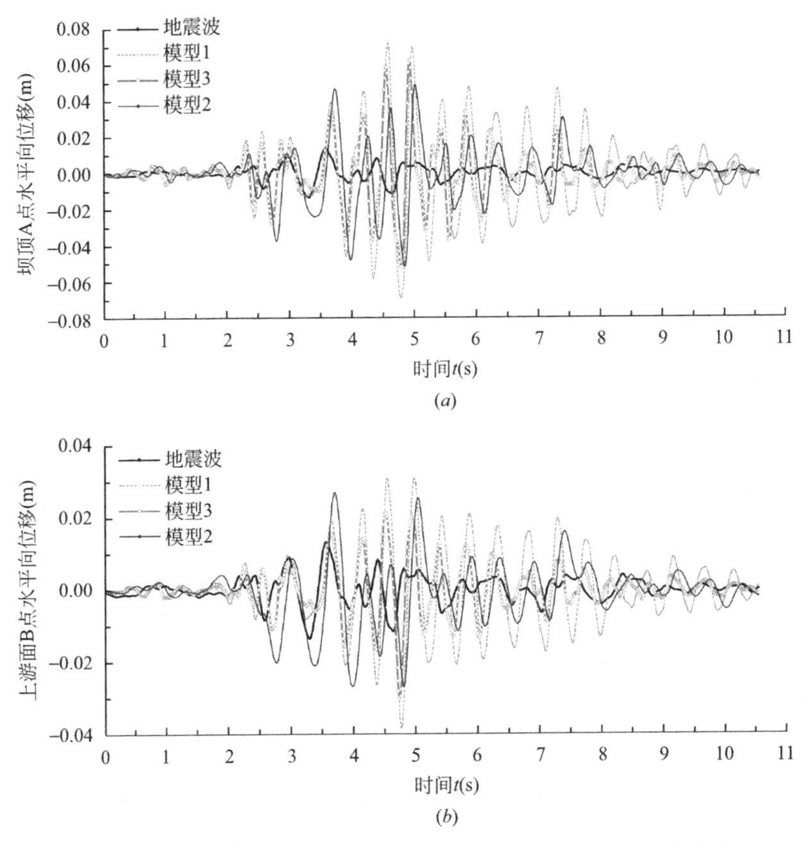

图 6-18 只有地震作用时 Koyna 坝上游面不同高度位置的水平向位移时程（一）

（*a*）A 点水平向位移（高度 103.0m）；（*b*）B 点水平向位移（高度 66.5m）

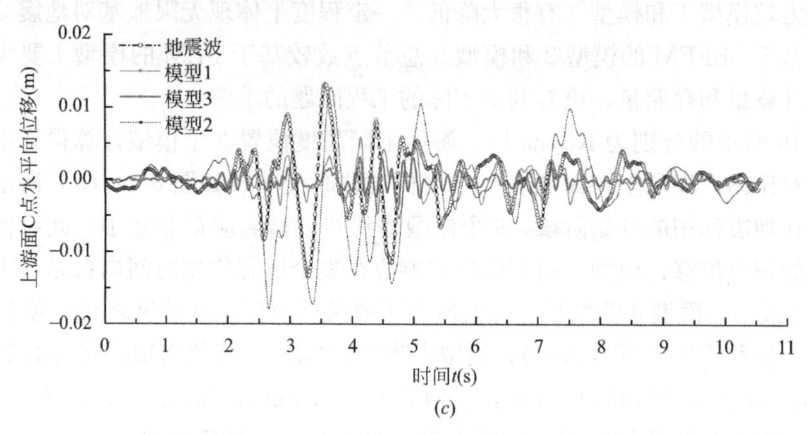

图 6-18 只有地震作用时 Koyna 坝上游面不同高度位置的水平向位移时程（二）

（*c*）C 点水平向位移（高度 0.0m）

坝体下游面折坡点高程对应的上游面 B 点（图 6-14*b*）的水平向位移时程曲线如图 6-18（*b*）所示，从图中可以看出，模型 1 得到的位移响应的正负峰值仍是最大的，但是，与 A 点的情况不同的是：在 B 点，模型 2 的位移响应的峰值出现的时间比其他 2 种模型都要早，此外，它超过了模型 3 的结果，而且在模型 1 的峰值结果出现之前的很长时间，模型 2 的位移响应也超出模型 1 的结果很多。地基的选取对结果的影响和前面对 A 点情况的结论一样。

坝体上游面坝踵处 C 点（图 6-14*b*）的水平向位移时程曲线如图 6-18*c* 所示，从图中可以很容易地发现，这时的情况和前面 2 个点的情况完全不同：这时模型 2 得到的位移响应的正负峰值成为最大的，在整个地震作用时间内模型 2 的结果和地震加速度的积分位移很相符，这是因为模型 2 地震动的输入位置位于近场地基和远场地基的交界面，当地震波从交界面传到 C 点时，结构的地震响应有一定的放大；而模型 1 和模型 3 采用的是地震动惯性力输入形式且在有限地基的边界进行了法向约束，所以它们在 C 点的响应很小。

2. 工况②的结果分析

如图 6-19 所示的是静、动力共同作用时坝体的方向应力最值分布云图，从图中可以看出三种模型的方向应力的分布趋势是一致的，且模型 1 和模型 3 由于皆采用无质量地基，它们的应力结果较接近，而采用无限地基的模型 2 两个方向的应力结果都比其他两种模型的应力结果小，这和纯地震作用时的规律一致。和纯地震作用时的情况相比，三种模型的方向应力在坝体的下游面的分布区域相对较小，主要集中在折坡点的周围区域，而在坝址位置其应力值比较小（水平方向正应力也没有出现应力集中现象）；在坝体的上游面，水平方向正应力的分布没有发生很大变化，而竖直方向的分布则主要在折坡点高度的附近区域，且应力值比纯地震作用时的应力值要大。上述这些变化主要是因为静水压力和重力的共同作用使大坝的变形倾向下游。在较大的水平方向正应力分布区域，模型 1 为 0.5～2.2MPa，模型 2 为 0.43～1.2MPa，模型 3 为 0.61～2.0MPa，且在上游坝踵处出现了局部的应力集中现象。在较大的竖直方向正应力分布区域，模型 1 为 2.5～7.8MPa，模型 2 为 1.5～4.5MPa，模型 3 为 1.0～7.0MPa，且在下游折坡点处也出现了局部的应力集中现象。

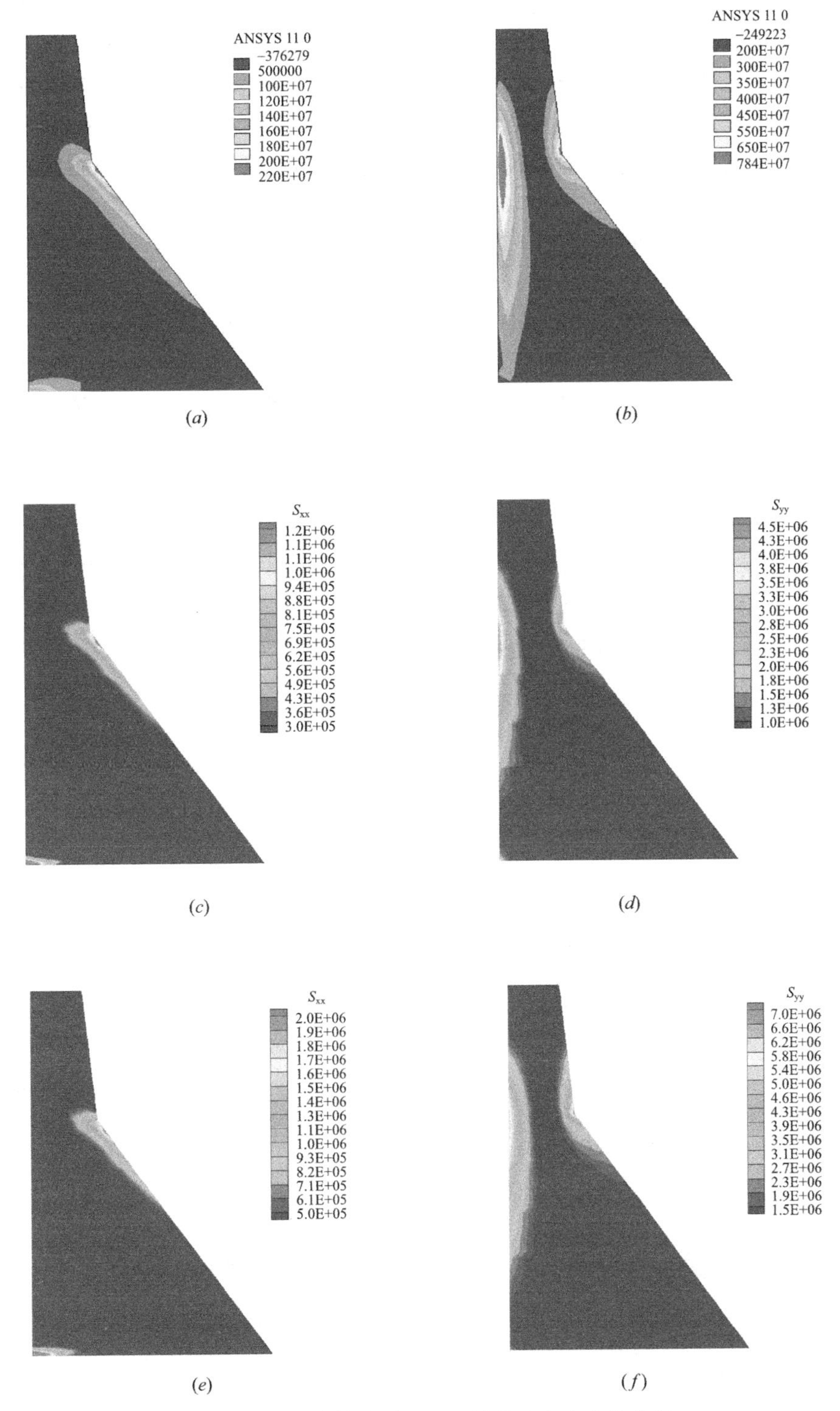

图 6-19 工况②情况下 Koyna 坝的方向应力分布图

(*a*) x 方向应力 S_x（模型 1）；(*b*) y 方向应力 S_y（模型 1）；(*c*) x 方向应力 S_x（模型 2）；(*d*) y 方向应力 S_y（模型 2）；(*e*) x 方向应力 S_x（模型 3）；(*f*) y 方向应力 S_y（模型 3）

如图 6-20 所示的是三种模型工况②情况下整个坝体的主应力最值分布云图，从图中可以看出，三种模型的主应力分布趋势是一致的，在下游折坡点处都出现了应力集中，不同之处是模型 2 和模型 3 在坝趾位置得到的主压应力比模型 1 大。主拉应力的分布形式与竖直方向正应力类似，即主要集中在折坡点高度上下游面的周围区域，而在坝址位置其应力值比较小，这也是和纯地震作用情况的不同之处。在较大的主拉应力分布区域，模型 1 为 2.5～8.3MPa，模型 2 为 1.3～4.0MPa，模型 3 为 2.1～6.5MPa。主压应力的分布和纯地震的情况有很大的不同，整个坝体更倾向下游受压，在下游坝址位置有很大的受压区域，在较大的主压应力分布区域，模型 1 为－3.0～14.3MPa，模型 2 为－3.0～－9.0MPa，模型 3 为－3.5～10.0MPa。另外，3 种模型得到的方向应力和主应力的数值大小关系和纯动力的规律一样，模型 1 的应力峰值最大，而模型 2 的最小；通过和纯地震结果的对比可知，工况②的主压应力峰值比工况①的结果大，而两个方向应力和主拉应力峰值都小于工况①的结果。

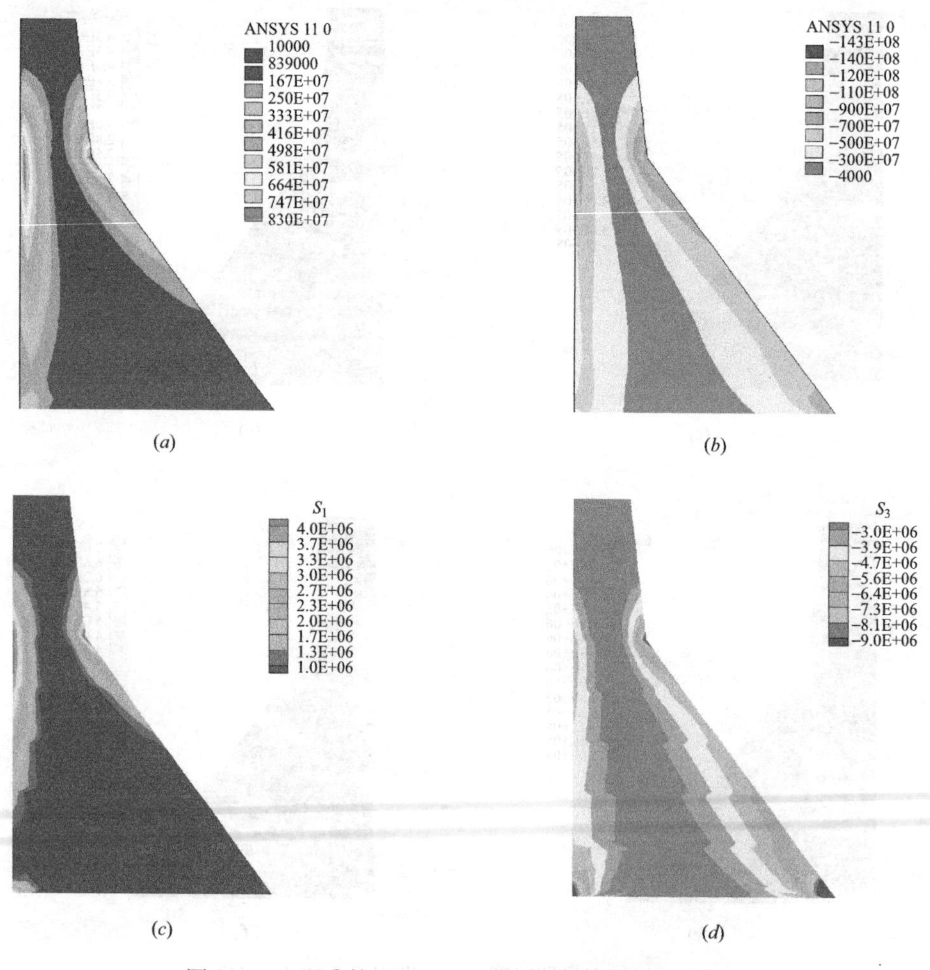

图 6-20　工况②情况下 Koyna 坝的主应力分布图（一）

（a）主拉应力 S_1（模型 1）；（b）主压应力 S_3（模型 1）；

（c）主拉应力 S_1（模型 2）；（d）主压应力 S_3（模型 2）

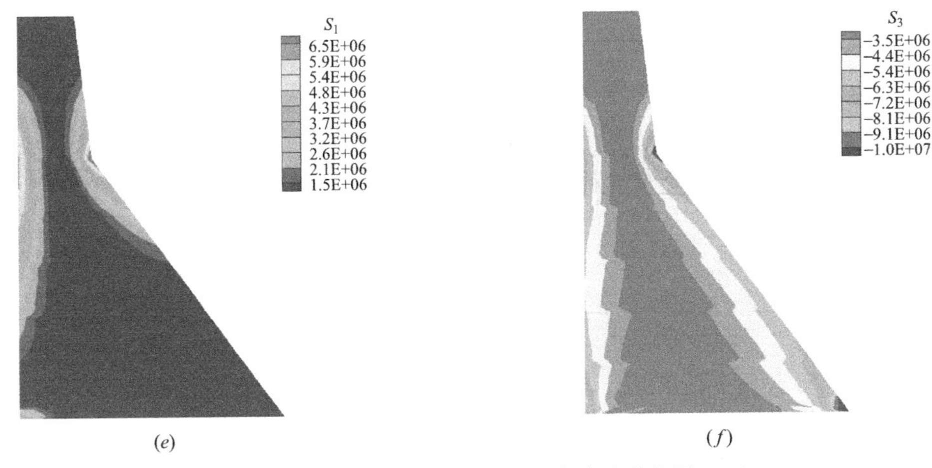

图 6-20 工况②情况下 Koyna 坝的主应力分布图（二）

(*e*) 主拉应力 S_1（模型 3）；(*f*) 主压应力 S_3（模型 3）

如图 6-21 所示的分别为 Koyna 坝上游面不同高度位置 3 个模型在工况②情况下得到水平向位移时程曲线的对比图。坝顶上游面 A 点的水平向位移时程曲线如图 6-21（*a*）所示，通过和工况①下的图 6-18（*a*）对比可知：3 个模型在工况②情况下的结果曲线整体向上平移了一段距离，此种现象在其他点处的结果图（图 6-21*b*，图 6-21*c*）中也都出现，可见在工况②情况下坝顶 A 点从地震开始之初就因为库水和自重有约 10mm 倾向下游的位移变形。3 个模型的计算结果之间大小及位移曲线峰值出现的时间也和工况①情况下的结果有很大的不同：首先，模型 2 的位移响应超过模型 3 的结果，其次，对于 A 点水平向倾向下游的位移峰值，模型 1 为 91.60mm，峰值出现时间为 4.22s，模型 2 为 75.16mm，峰值出现时间为 3.75s，模型 3 为 64.57mm，峰值出现时间为 4.21s，3 个模型的峰值都比工况①的结果要大，出现时间要早；对于 A 点水平向倾向上游的位移峰值，模型 1 为−57.65mm，峰值出现时间为 3.91s，模型 2 为−46.89mm，峰值出现时间为 4.02s，模型 3 为−33.93mm，峰值出现时间为 3.91s，3 个模型的峰值都比工况①的结果要大，出现时间要晚。坝体下游面折坡点高程对应的上游面 B 点的水平向位移时程曲线如图 6-21（*b*）所示，通过和工况①下的图 6-18（*b*）对比可发现，对于工况②，模型 2 得到的位移响应的正负峰值超过了模型 1 的结果。坝体上游面坝踵处 C 点的水平向位移时程曲线如图 6-21（*c*）所示，从图中可以很容易地发现，这时的情况和前面工况①的情况完全相同，即模型 2 得到的位移响应的正负峰值成为最大的，而模型 1 和模型 3 在 C 点的响应很小。

6.4.3 上游面裂纹在地震作用下应力强度因子的求解

在进行 Koyna 坝上游面裂纹动力扩展分析之前，先对其稳定状态进行动力断裂分析，对不同的初始长度裂纹的应力强度因子进行求解，为后面的动力扩展提供依据和参考。根据 6.4.2 节的线弹性分析可知，对于计算条件自重＋静水压力＋动水压力＋地震荷载（工况②），坝体主拉应力（图 6-20）比较大的区域主要在下游折坡点及其高度相对应的上游面附近区域，这些地方是裂纹可能起裂的地方，而本节的断裂分析及下一节的裂纹扩展分析只研究上游面的单一裂纹，根据线弹性分析结果并参考文献［227］给定初始裂纹的高

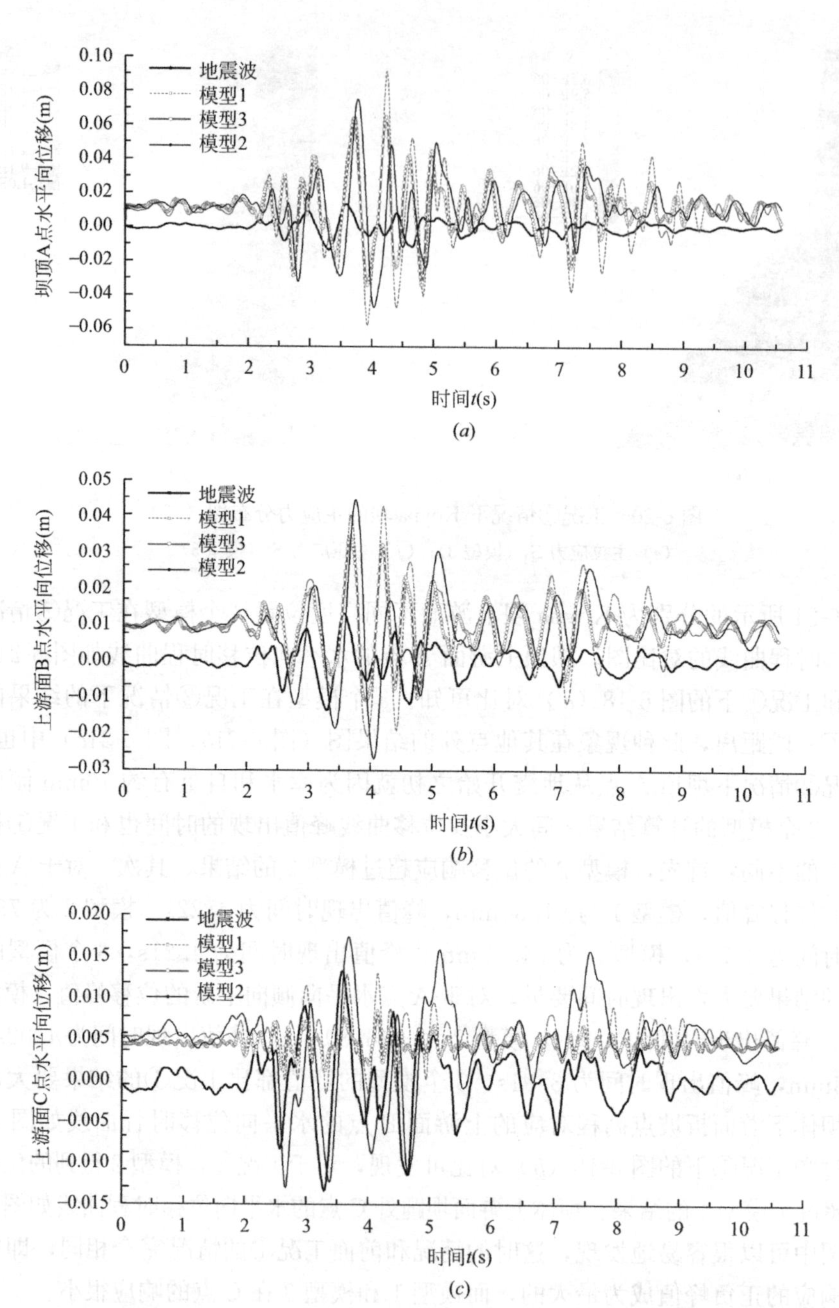

图 6-21　静动荷载共同作用时 Koyna 坝上游面不同高度位置的水平向位移时程

(*a*) A 点水平向位移（高度 103.0m）；(*b*) B 点水平向位移（高度 66.5m）；(*c*) C 点水平向位移（高度 0.0m）

程为 59.25m。

为了验证 SBFEM 程序求解地震作用下 Koyna 坝上游面裂纹的动力断裂问题的正确性，对上游面初始裂纹长 $a=1.0$m 的情况，ANSYS 软件在本节也被用于对比分析。用 ANSYS 进行分析时，大坝大部分区域和地基皆采用 plane42 面单元离散，而上游面裂纹周围区域用 plane183 三角形单元离散，共计 6225 个节点，如图 6-22（*a*）所示是 ANSYS 计算的有限元模型（定义为模型 1）中坝体的网格剖分图，其中地基的尺寸和网格剖分与上一节进行线弹性分析时一样，如图 6-22（*c*）所示的是 Koyna 坝上游面裂纹周围的 ANSYS 网格细节图。用 SBFEM 进行分析时，大坝和有限地基分别用 133 和 10 个超单元来模拟，超单元的边界同样用 3 节点线单元来离散，共计 941 个节点，如图 6-22（*b*）所示是坝体的 SBFEM 网格剖分图，地基的尺寸和网格剖分也与上一节进行线弹性分析时一样，其中定义无限地基的模型为模型 2，无质量地基为模型 3。如图 6-22（*d*）所示的是上游面裂纹周围的 SBFEM 网格细节图。

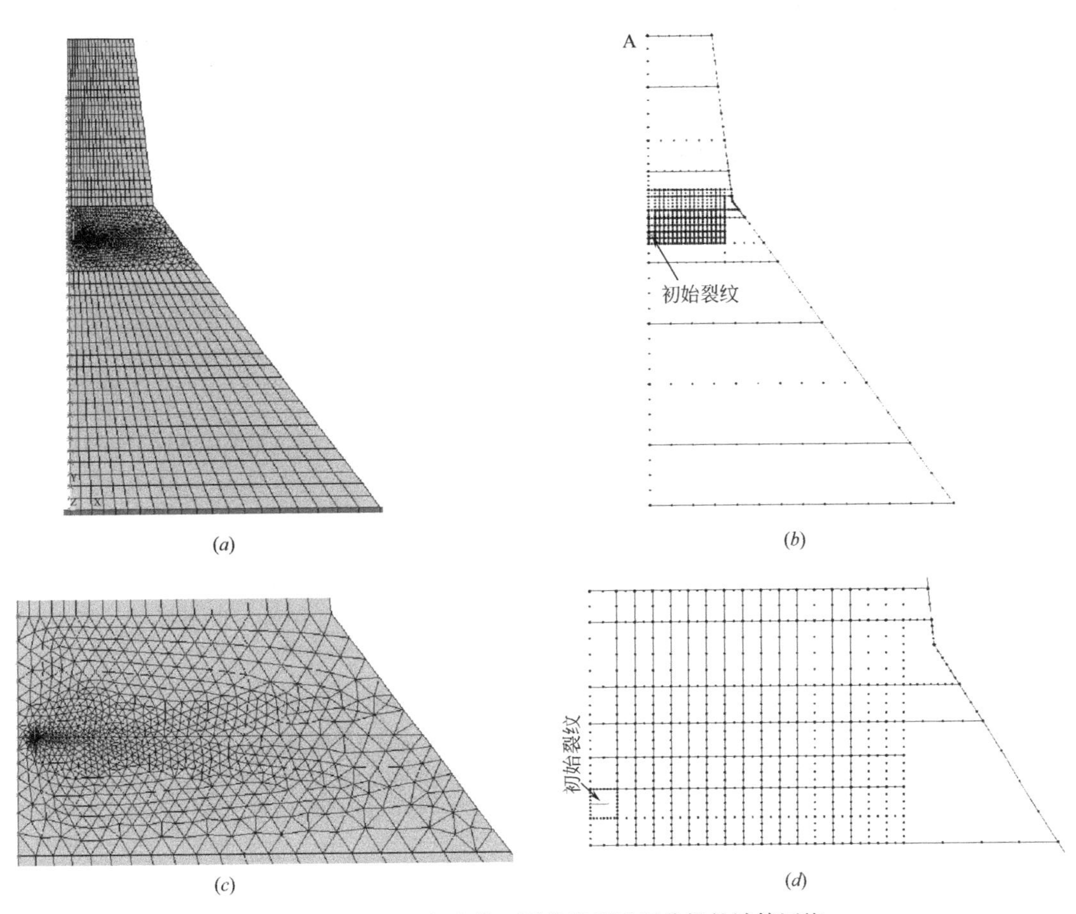

图 6-22 Koyna 坝上游面裂纹进行地震分析的计算网格

（*a*）ANSYS 网格；（*b*）SBFEM 超单元及网格；（*c*）裂纹周围 ANSYS 网格；（*d*）裂纹周围 SBFEM 网格

1. 不考虑裂纹之间的接触

如图 6-23 所示的是模型 1 在工况②情况下整个坝体的主应力最值分布云图和裂纹尖端附近主应力分布详图，从图中可以看出，主拉应力和主压应力在裂纹尖端处应力值是其他区域的很多倍，出现了严重的应力集中现象，所以通常的应力分析已经不再适用，需要引入断裂理论来进行分析。

如图 6-24 所示的为模型 1 和模型 2 计算得到的坝顶 A 点对上游坝踵 C 点的相对位移响应，并和材料线弹性下的位移响应进行比较，从图中可以看出，两个模型计算得到的坝顶 A 点两个方向相对位移响应和线弹性条件下的结果相差不大，其结果曲线几乎重合，这是因为初始裂纹长相对坝宽来说还是很小的，对坝体整体刚度影响不大。

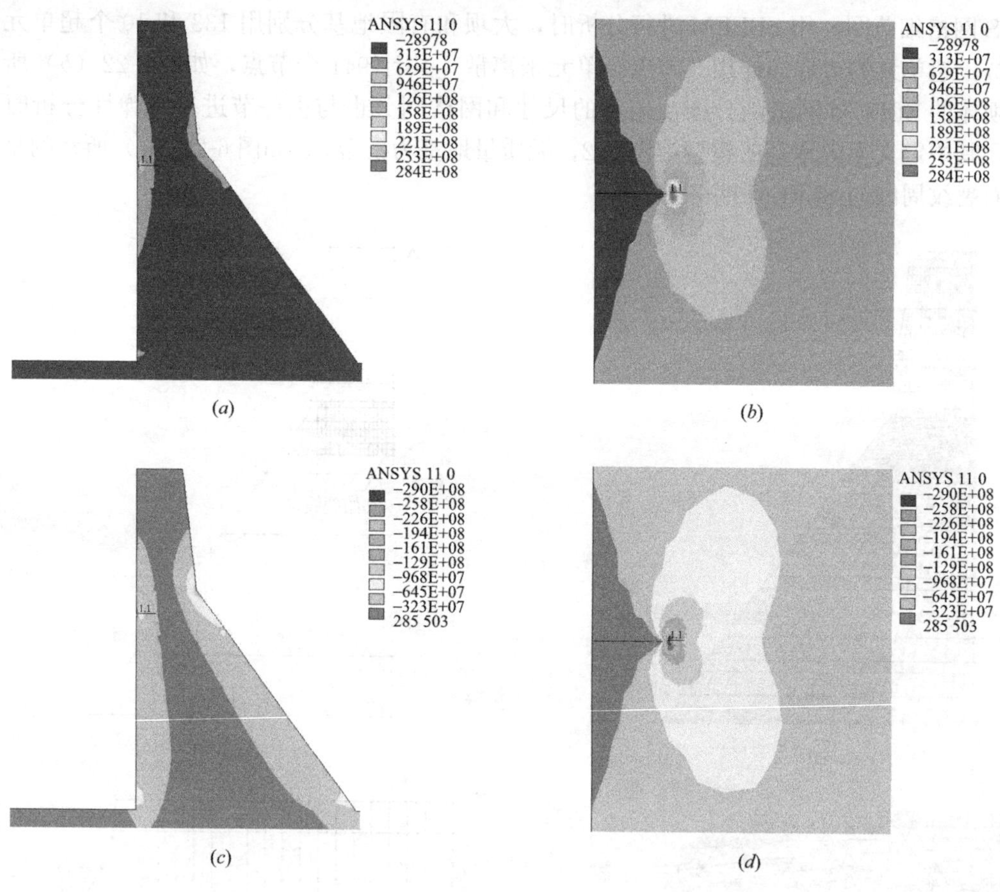

图 6-23　Koyna 坝坝体及上游面裂纹周围主应力分布图

（a）主拉应力（模型 1）；（b）裂纹尖端主拉应力（模型 1）；

（c）主压应力（模型 1）；（d）裂纹尖端主压应力（模型 1）

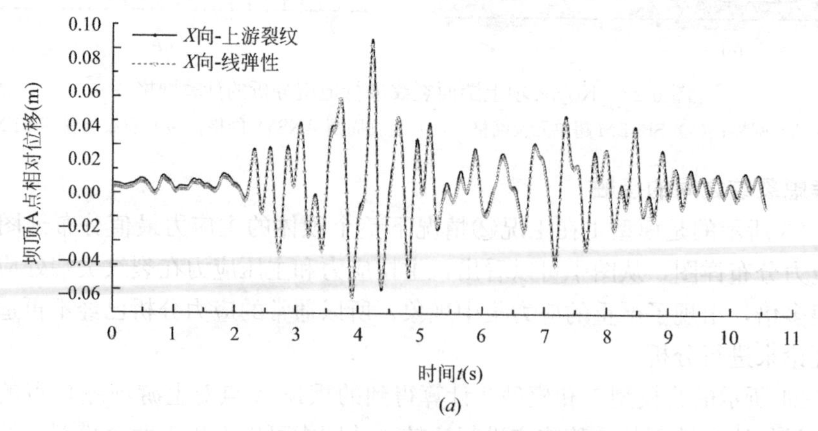

图 6-24　Koyna 坝上游面裂纹地震作用时坝顶 A 点的相对位移时程及与线弹性分析结果的对比（一）

（a）水平方向（模型 1）

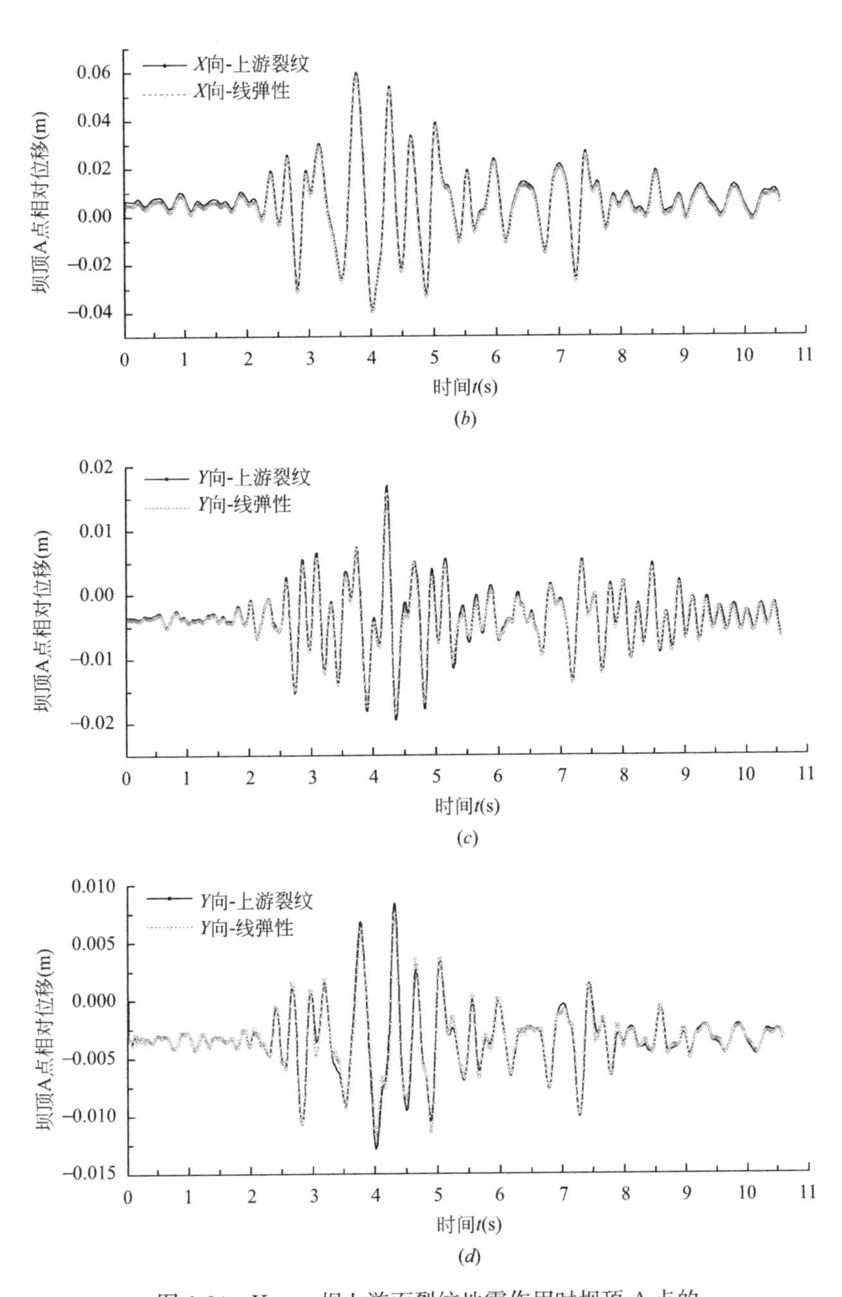

图 6-24 Koyna 坝上游面裂纹地震作用时坝顶 A 点的相对位移时程及与线弹性分析结果的对比（二）

（*b*）水平方向（模型 2）；（*c*）竖直方向（模型 1）；（*d*）竖直方向（模型 2）

3 个模型对上游面裂纹（裂纹长度 $a=1.0\mathrm{m}$）计算得到的应力强度因子时程曲线如图 6-25（*a*）所示，从图中可以看出，和纯地震作用时坝顶 A 点水平位移（图 6-18*a*）的规律一样，模型 1 得到的正负应力强度因子峰值都是最大的，模型 2 的最小，模型 3 的结果介于前两种模型计算结果之间，其中模型 1 正的峰值为 $16.17\mathrm{MNm}^{-3/2}$，峰值出现时间为 4.25s，模型 2 正的峰值为 $11.41\mathrm{MNm}^{-3/2}$，峰值出现时间为 4.24s，模型 3 正的峰值为 $7.62\mathrm{MNm}^{-3/2}$，峰值出现时间为 4.31s；模型 1 负的峰值为 $-15.25\mathrm{MNm}^{-3/2}$，峰值出现时间为 4.37s，模型 2 负的峰值为$-12.13MNm^{-3/2}$，峰值出现时间为 4.81s，模型 3 负的峰值为$-9.63MNm^{-3/2}$，峰值出现时间为 4.89s。另外，模型 2 的应力强度因子时程曲线每个波峰出现的时间都明显地晚于其他两种模型的结果。

如图 6-25（*b*）所示是初始裂纹长度 a 分别为 1.0m，0.5m，0.8m，0.5m，0.2m，0.1m 时的应力强度因子时程曲线，从图中可以看出，随着裂纹长度的增加，应力强度因子值也增加。将应力强度因子除以 $\sqrt{\pi a}$ 得到标准化的应力强度因子如图 6-25（*c*）所示，从图中可以看出，这时的标准化值随初始裂纹长度变化不明显，它们近似相等。

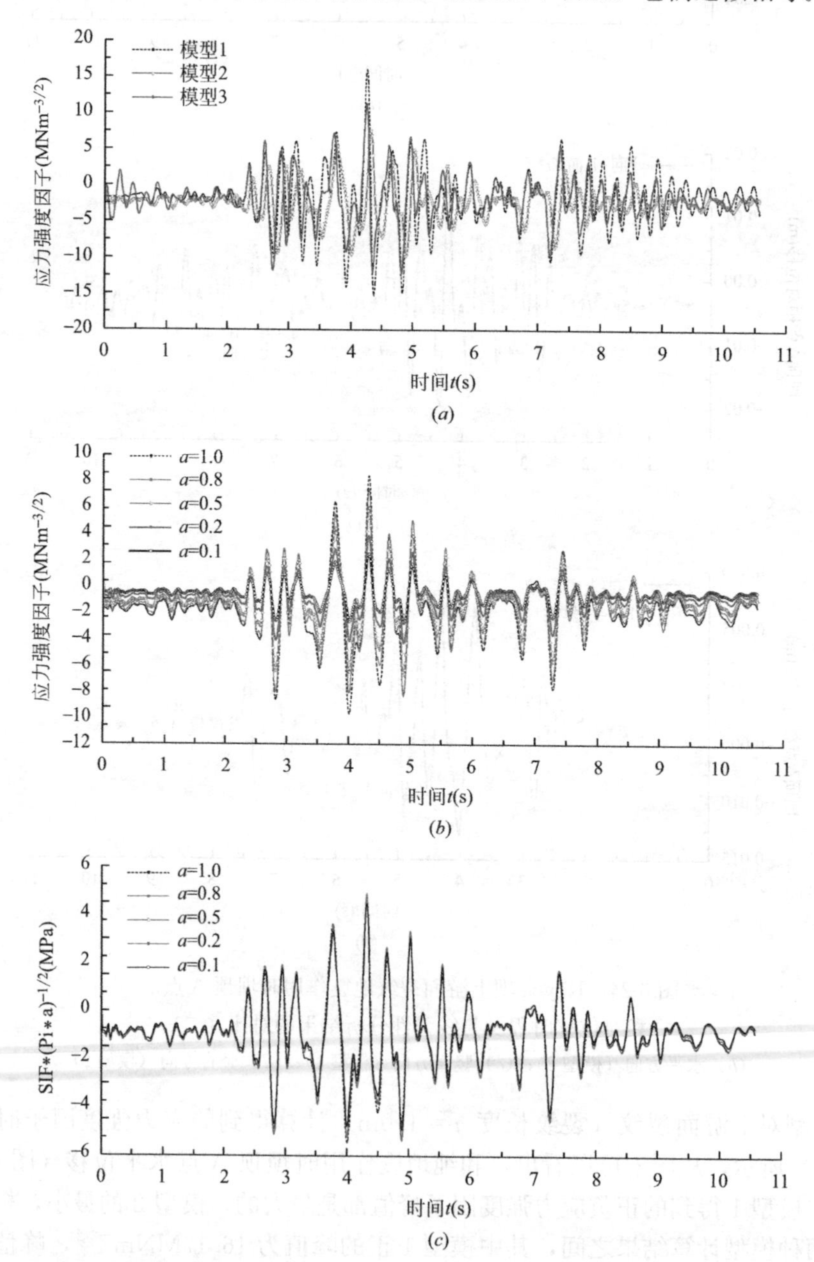

图 6-25　地震作用下不同的计算模型和初始裂纹长度对 Koyna 坝上游面裂纹 SIFs 的影响

（*a*）不同计算模型（初始裂纹长 $a=1.0$）；（*b*）不同初始裂纹长度（模型 2）；（*c*）SIFs 的标准化（模型 2）

2. 考虑裂纹之间的接触

如图 6-26（*a*）和图 6-26（*b*）所示的是初始裂纹长度 a 分别为 1.0m 和 0.5m 时的应力强度因子（SIFs）和裂纹开口位移（CMOD）时程曲线，相同条件下的 SIFs 和 CMOD 曲线的形状相似，它们波峰出现的时间相同。如图 6-26（*a*）所示，考虑裂纹之间的接触时，应力强度因子的正值比不考虑裂纹之间的接触时的结果要大，负值的绝对值要小；此时，见图 6-26（*b*），可知裂纹张开时裂纹开口位移比不考虑裂纹之间的接触时的结果要大，而裂纹闭合时裂纹开口位移为 0，可见本书的接触程序能够避免裂纹面之间发生嵌入。如图 6-26（*a*）所示，可得到考虑接触时的最大应力强度因子值，当 $a=1.0\text{m}$ 时为 8.58MNm$^{-3/2}$，当 $a=0.5\text{m}$ 时为 6.33MNm$^{-3/2}$，它们出现的时间都为 4.30s。见图 6-26（*b*），可得到考虑接触时的最大开度，当 $a=1.0\text{m}$ 时为 0.83mm，当 $a=0.5\text{m}$ 时为 0.41mm，它们出现的时间都为 4.30s。

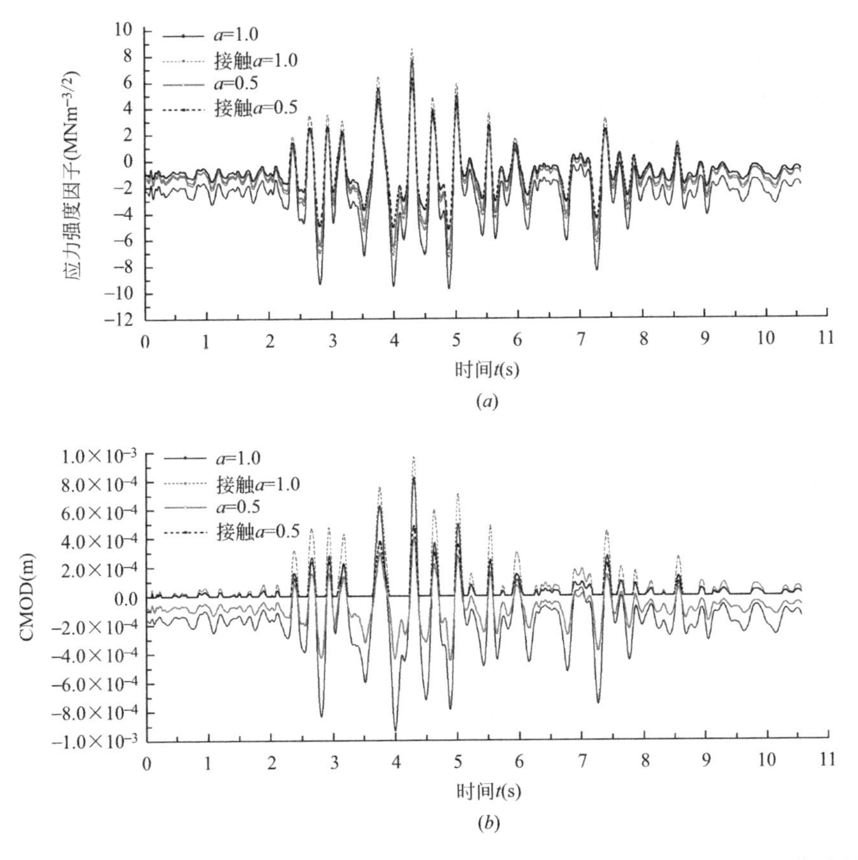

图 6-26 地震作用下 Koyna 坝上游面裂纹面之间的接触对应力强度因子和裂纹开口位移的影响

（*a*）应力强度因子（模型 2）；（*b*）裂纹开口位移（模型 2）

6.4.4 上游面裂纹在地震作用下开裂分析

和上一节相同，本节也只研究上游面的单一裂纹（高程为 59.25m），扩展起始状态仍使用如图 6-22（*b*）所示的网格，此时，只有一个接触点对，计算条件为自重＋静水压力＋动水压力＋地震荷载（工况②）。

1. 不同的初始裂纹长度

为了对比不同初始裂纹长度对裂纹扩展的影响，分别对初始裂纹长度 $a=0.5$m；0.8m；1.0m 的动力裂纹扩展进行模拟。如图 6-27 所示的分别是以上三种情况坝顶 A 点的相对位移响应，并与其不扩展时的结果进行了对比，从图中可以看出，三种情况之间几乎没有差别，而裂纹扩展或是不扩展得到的相对位移响应曲线差别也不大。可能的原因是上游裂纹的扩展路径接近一条直线且其扩展长度相对坝的“厚度”来说不是很大（图 6-30），所以裂纹扩展对坝顶 A 点的水平向相对位移响应的影响不显著，另外，裂纹开口位移也不是很大，所以对竖直向相对位移的影响也不大（图 6-28）。如图 6-28 所示的分别为以上三种初始长度裂纹扩展时和不扩展时的裂纹开口位移时程曲线图，从图中不难发现，三种初始长度裂纹扩展时的裂纹开口位移的峰值出现的时间都是在 4.31s 左右，和相同长度裂纹不扩展时的峰值出现时间几乎是一致的，但是比不扩展时的峰值要大，其中初始长度 $a=1.0$m 时，其峰值最大为 1.63mm，出现时间为 4.32s；$a=0.8$m 时，其峰值为 1.64mm，出现时间为 4.31s；而 $a=0.5$m 时，峰值最小为 0.68mm，出现时间为 4.30s，对于这三种长度来说，其裂纹扩展长度越长（图 6-30），相应的裂纹开口位移峰值就越大。见图 6-28，还可以发现裂纹开口位移在整个地震作用时间内都是大于等于 0 的，可见本书的接触程序在裂纹扩展过程中起到了避免裂纹面发生嵌入的作用。

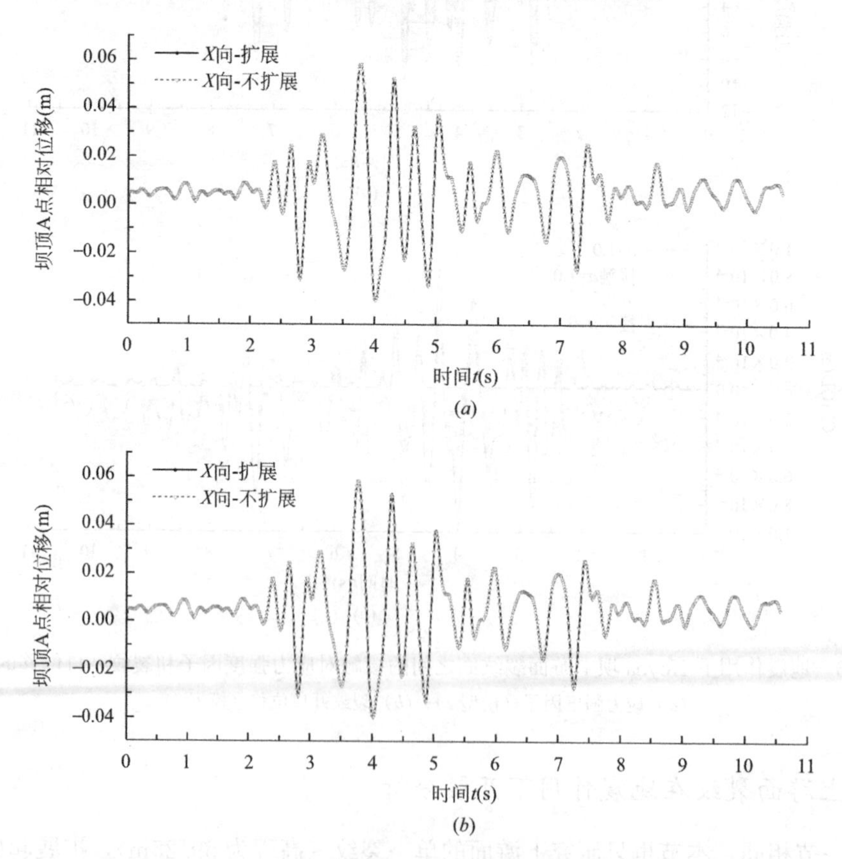

图 6-27　地震作用下 Koyna 坝上游面裂纹动态扩展时的坝顶 A 点的相对位移时程（一）

（a）水平方向（$a=0.5$m）；（b）水平方向（$a=0.8$m）

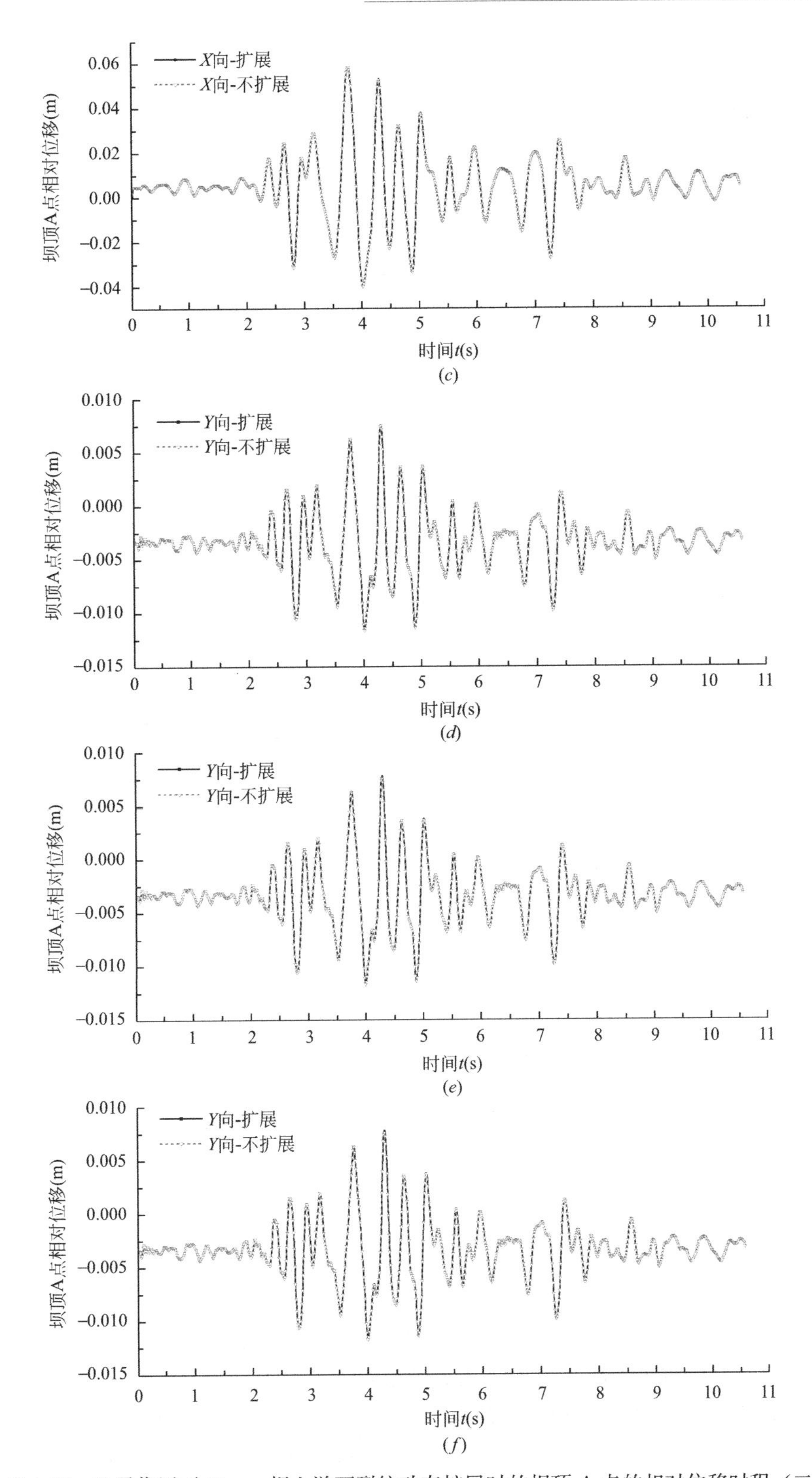

图 6-27 地震作用下 Koyna 坝上游面裂纹动态扩展时的坝顶 A 点的相对位移时程（二）

(*c*) 水平方向 (a=1.0m)；(*d*) 竖直方向 (a=0.5m)；(*e*) 竖直方向 (a=0.8m)；(*f*) 竖直方向 (a=1.0m)

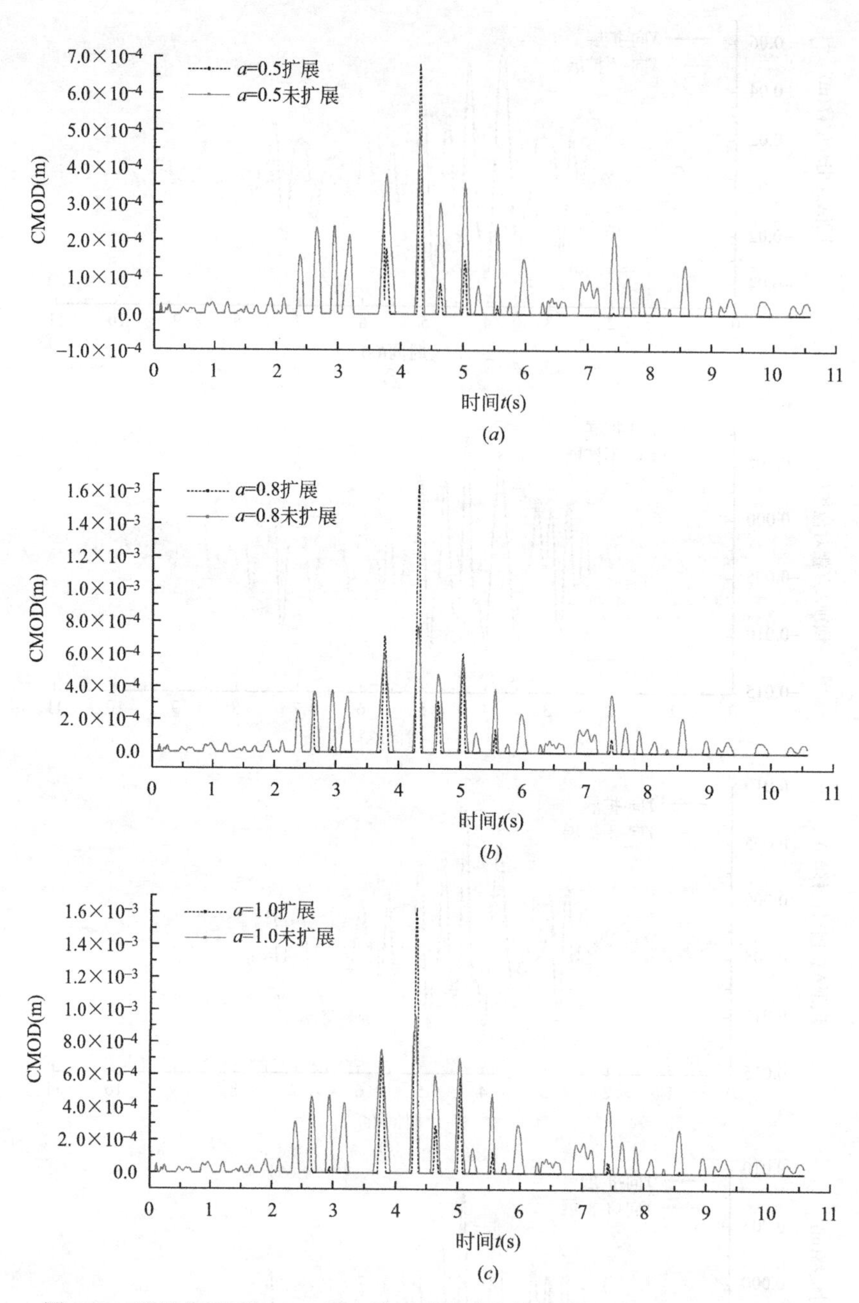

(a)

(b)

(c)

图 6-28　地震作用下 Koyna 坝上游面裂纹动态扩展时的裂纹开口位移 CMOD

(a) 裂纹开口位移 (a=0.5m)；(b) 裂纹开口位移 (a=0.8m)；(c) 裂纹开口位移 (a=1.0m)

如图 6-29 所示的分别为以上三种初始长度裂纹扩展时和不扩展时的应力强度因子时程。从上一节的分析可知（图 6-25b），初始裂纹长度越大，其稳定状态的应力强度因子越大，对于相同的断裂韧性，可导致相应的起裂的时间可能越早，其中初始长度 a=1.0m 时，起裂的时间为 2.64s；当 a=0.8m 时，为 2.64s；而 a=0.5m 时，为 3.72s。如图 6-29 所示，从起裂的时刻开始，由于在裂纹扩展过程中需要释放能量及重力等荷载的存在，使得裂纹扩展过程中的应力强度因子远小于相同初始长度的裂纹稳定时的值，而三种情况之间的大小关系和没有扩展的时候一样。由于重力等抑制裂纹扩展的荷载的存在及裂纹扩展导致的坝体整体刚度的降低，裂纹最终停止扩展再次趋于稳定，而不同的初始裂纹长度的裂纹止裂的时间也是不相同的，对于初始长度 $a=1.0$m，止裂的时间为4.31s；当 $a=0.8$m时，为4.31s；而 $a=0.5$m时，为4.30s。

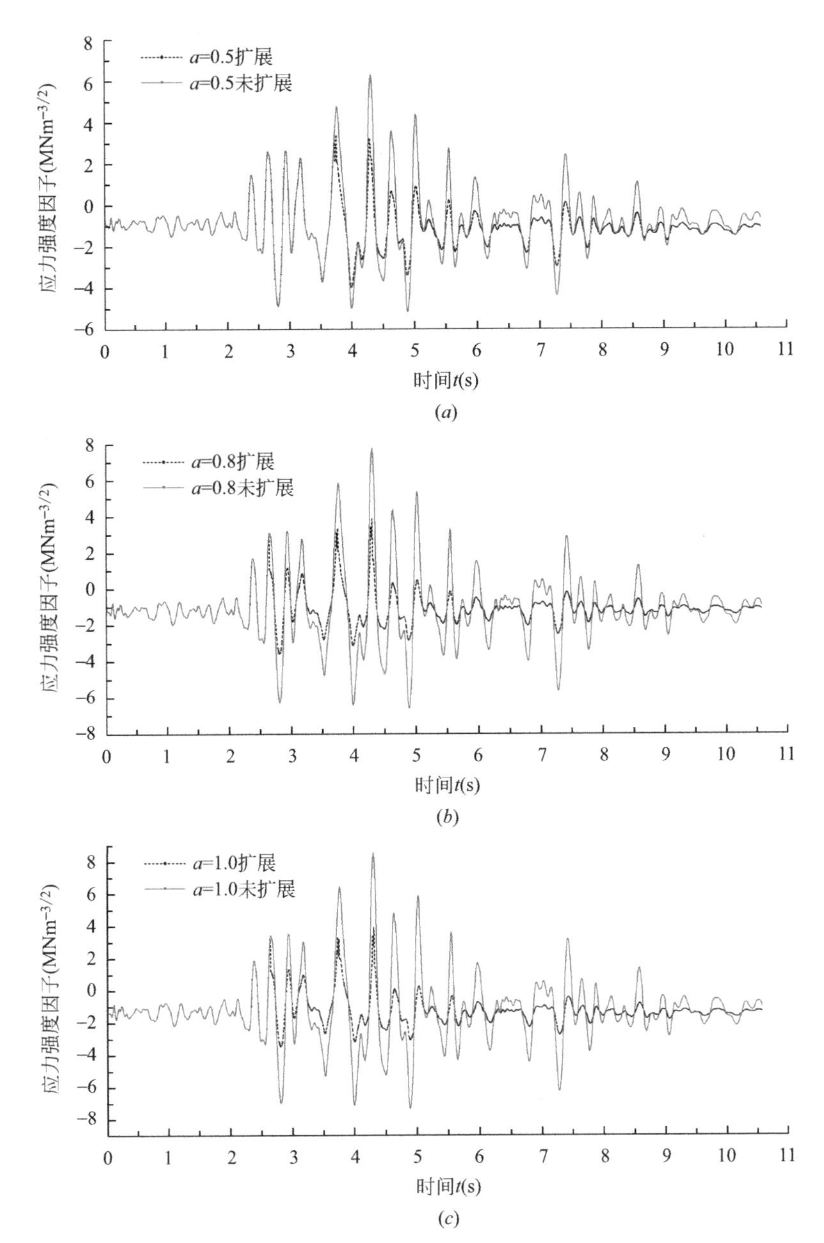

图6-29 地震作用下Koyna坝上游面裂纹动态扩展的应力强度因子SIFs

(*a*) 应力强度因子 ($a=0.5$m)；(*b*) 应力强度因子 ($a=0.8$m)；(*c*) 应力强度因子 ($a=1.0$m)

如图6-30 (*a*) ～图6-30 (*c*) 所示，为以上三个初始长度裂纹最终的扩展路径，从图中可以看出，三种情况的最终扩展路径都接近一条水平直线，这和文献 [142]、文献 [227] 的结果是一致的，其中，裂纹初始长度 $a=0.5$m时，共扩展了4步，第1个扩展增量步长为0.5m，其他3步长均为1.0m；当a=0.8m时，共扩展了5步，第1个扩展增量步长为1.2m，其他4步长均为1.0m；当a=1.0m时，也扩展了5步，所有扩展增量步长均为1.0m。对比图6-30（b）和图6-30（c）可以看出，对于裂纹初始长度a=0.8m和a=1.0m两种情况，由于它们每一步的扩展时间及扩展步数都几乎相同的，所以它们最终的扩展长度差不多，但是它们的扩展路径还是有差别的。而对于a=0.5m的情况，它的起裂时间比较晚且它的扩展步数也少，所以其最终扩展的长度比其他两种情况要短。从以上分析可知，对于相同的裂纹扩展步长，不同的裂纹初始长度虽然能够得到类似的裂纹扩展形态，但是裂纹扩展总的长度和轨迹会有很大的区别。

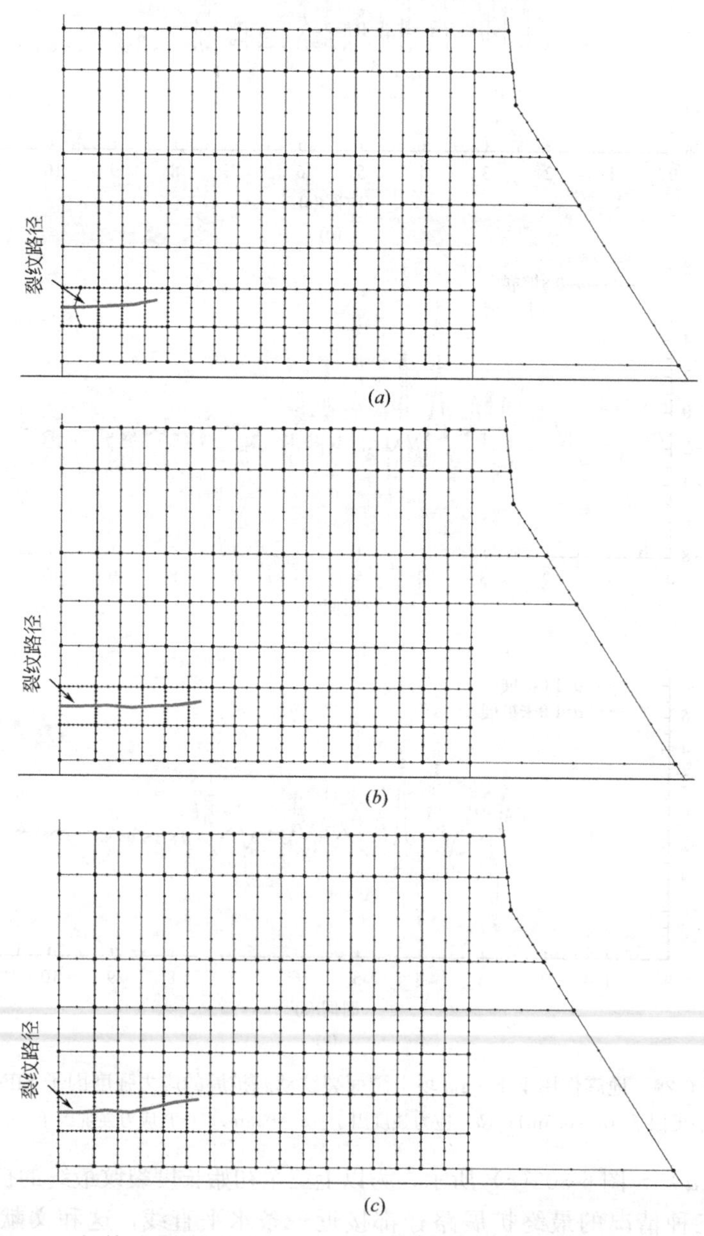

图6-30　基于SBFEM超单元重剖分技术对Koyna坝在地震作用下上游面裂纹动态扩展的模拟（一）
（a）a=0.5m（Δa=1.0m）；（b）a=0.8m（Δa=1.0m）；（c）a=1.0m（Δa=1.0m）

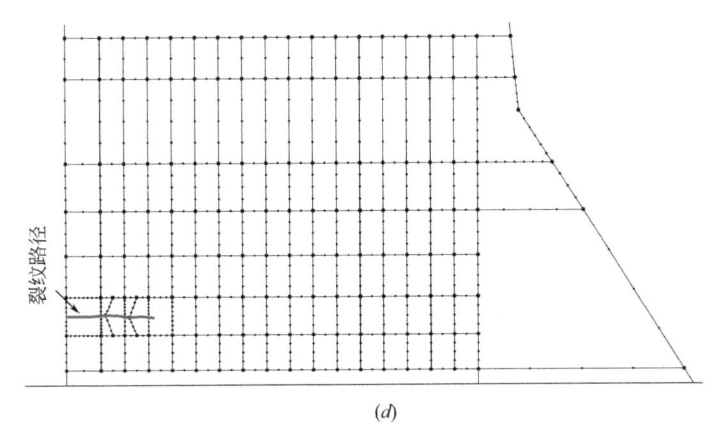

(d)

图 6-30 基于 SBFEM 超单元重剖分技术对 Koyna 坝在地震作用下上游面裂纹动态扩展的模拟（二）
（d） $a=1.0$m（$\Delta a=0.5$m）

2. 不同裂纹扩展增量步长

为了对比不同的裂纹扩展增量步长对裂纹扩展的影响，对初始长度 $a=1.0$m 的情况，选扩展步长为 0.5m 进行模拟，共扩展了 5 步，第 1 个扩展增量步长为 0.7m，其他 4 步步长均为 0.5m，如图 6-30（d）所示的为其裂纹最终的扩展路径，其路径也接近一条水平直线。它的起裂时间为 2.64s，止裂时间为 4.31s，这些和扩展步长为 1.0m 的情况一致，但是最终的扩展长度比扩展步长为 1.0m 的情况要短得多。另外，其最大裂纹开口位移为 1.03mm，比扩展步长为 1.0m 的 1.63mm 要小。可见，对于相同的裂纹初始长度，不同的裂纹扩展步长，虽然能够得到相似的裂纹扩展路径，但是影响裂纹扩展总的长度。

6.5 结论

本章将第五章改进的 SBFEM 超单元重剖分技术用于地震作用下 Koyna 重力坝裂纹扩展的模拟。首先简单地介绍了地震荷载作用下大坝-地基动力相互作用耦合系统时域中的基本方程；然后对二维摩擦接触问题的基本假定、边界条件、局部坐标系下的接触条件及接触问题的 B-可微方程组形式及其解法等进行了简单介绍，以悬臂叠梁的接触问题为例验证了 SBFEM 与接触的程序结合的正确性，并将其结果和 ANSYS 的计算结果进行对比；另外，分析了摩擦系数 μ 对接触问题的影响。

为了验证大坝-地基动力相互作用 SBFEM 程序实现的正确性，对 Koyna 坝分别在地震荷载作用和静水压力＋自重＋动水压力＋地震荷载作用两种工况进行了线弹性响应分析，通过和 ANSYS 软件的计算结果对比可知，考虑大坝-地基动力相互作用的模型 2 在两种工况下坝体应力分布和采用惯性力地震动输入形式和无质量地基的 ANSYS 结果一致，但是其峰值和坝顶位移峰值都有很大地降低，一定程度上体现无限地基对地震波的耗散效应。

在对存有裂纹的结构进行分析时，由于在裂纹尖端附近有严重的应力集中出现，通常的应力分析已经不再适用，需要引入断裂理论来进行分析。为了验证 SBFEM 求解应力强度因子的正确性并为动力扩展提供依据和参考，ANSYS 软件也被用于对地震作用下 Koyna

坝上游面裂纹稳定状态的应力强度因子的求解。由于初始裂纹长度 $a=1.0\mathrm{m}$ 比同高度的坝宽要小很多，所以坝顶 A 点相对位移响应和线弹性条件下的结果相差不大。而 SBFEM 计算得到的应力强度因子比 ANSYS 的结果要小，这和线弹性分析时对应力分析的结论一样。通过对不同初始长度裂纹进行分析可知，裂纹长度越大相应的应力强度因子值越大，而通过除以 $\sqrt{\pi a}$ 得到标准化的值却近似相等。当在裂纹之间引入接触对时，得到的应力强度因子的正值比不考虑裂纹之间的接触时的结果要大，负值的绝对值要小，而得到的裂纹开口位移都是大于等于 0 的。

基于 LEFM 和 SBFEM 超单元重剖分技术对 Koyna 坝上游面不同初始长度的裂纹扩展进行了模拟，所得的裂纹发展路径都接近一条水平直线，因此，对坝顶 A 点的水平向相对位移响应的影响不明显。虽然不同初始长度的裂纹扩展时的裂纹开口位移峰值比相应不扩展时的峰值要大，但是相对于坝顶的竖直向相对位移来说却很小，所以坝顶 A 点的竖直向相对位移响应和不扩展的时候也相差不大。对于给定的断裂韧性和扩展步长，不同的裂纹初始长度影响着裂纹的起裂时间和扩展步数，并最终导致不同的裂纹扩展长度和路径。而对于给定的断裂韧性和裂纹初始长度，不同的裂纹扩展步长，虽然能够得到相似的裂纹扩展路径，但是影响裂纹扩展总的长度。可见，在用 LEFM 对地震作用下的混凝土重力坝进行裂纹扩展模拟时，需要合理地选择裂纹的初始长度和扩展步长。

7 结 论

本书的研究充分利用 SBFEM 的优势和特点，研究了应力强度因子、断裂能和能量释放率（断裂力学里三个最重要的参数）之间的关系；提出了基于 SBFEM 超单元重剖分技术的模拟裂纹扩展的新方法，并基于线性叠加假设将混凝土结构断裂过程区的非线性问题近似地简化为线弹性问题；提出了网格映射技术，并将它和改进了超单元重剖分的技术一起模拟有限尺寸矩形板中心裂纹动态扩展问题；研究了大坝-地基系统在地震作用下坝体的动态断裂分析，并将非光滑方程组方法推广应用到求解裂纹面的动摩擦接触问题。

主要研究结论概括如下：

1）利用比例边界有限元法半解析的特性，提出了 J 积分合理而准确的计算方法，推导了任意角度复合型裂纹的 J 积分与应力强度因子、断裂能的相互关系，这对了解材料断裂特性、发挥断裂判据的作用具有重要意义。

J 积分是计算断裂能 G_f 常用的方法之一，它们和应力强度因子的关系的研究对结构的静、动态裂纹扩展有重要的意义。本书根据复合型裂纹渐近应力场、位移场的解析表达式，按 Rice 提出的 J 积分的定义式，推导了 J 积分与应力强度因子的关系。通过 FEM 和 SBFEM 两种数值方法对 J 积分的计算验证了推导关系式的正确性。为了得到相同精度的结果，SBFEM 只需在边界用一维线单元进行离散，而 ANSYS 则需要在裂纹尖端附近进行网格加密，它使用的自由度数是 SBFEM 的近 10 倍。除此之外，每一次改变裂纹长度和偏转角度时，ANSYS 都要重新剖分网格，而 SBFEM 只需确定相似中心的新坐标而不需要改变网格，大大降低了工作量。另外，单元尺寸、积分路径等因素对计算精度有一定影响。

2）根据比例边界有限元法的特点提出了数值模拟裂纹扩展网格重剖分的新方法——比例边界有限元超单元重剖分方法。

这种网格重剖分方法只需要将裂纹经过的超单元简单地一分为二，并在新形成的裂纹面上生成新的节点，而这些新生成的超单元可以是满足可视条件的任意尺寸和形状的多边形。为了得到精确的应力强度因子，只需要在裂尖可能到达的超单元进行网格加密，其他超单元仍使用粗网格。在裂纹扩展过程中，超单元重剖分只发生在裂纹经过的超单元，其他超单元在整个计算过程中保持不变，从而在最低程度上减少对整体网格的改变。在此方法中，新生成的 SBFEM 多边形超单元（边的个数、边的尺寸、边上节点的密度皆不受限制）具有其他数值方法不可比拟的优势，能够精确地描述复杂的裂纹发展轨迹，而且易于实现、有很强的适用性。

3）基于比例边界有限元超单元重剖分技术和线性叠加假设，利用黏聚裂纹模型模拟准脆性材料（混凝土梁）的非线性裂纹扩展问题。

对于混凝土这种准脆性材料，由于裂纹前缘存在一定尺寸的 FPZ，其结构中的裂纹不再是脆性的开裂，而是显现出一定的非线性。本书使用黏聚裂纹模型将虚拟裂纹面内的黏聚力视为解析表达的 Side-face 力，由它引起的位移场可作为 SBFEM 非齐次控制方程的特解来进行求解。根据线性叠加假设，混凝土结构非线性断裂扩展问题被近似地简化为线弹性问题的求解，避免了在裂纹前沿插入 CIEs 而使计算过程复杂化。这些措施在保证较高的计算精度的同时，有效地简化了裂纹扩展的模拟。

4）改进了 SBFEM 简单网格重剖分技术和超单元重剖分技术，并将它们拓展到结构动态裂纹扩展的分析中；提出了相应于以上两种重剖分方法的网格映射技术，精确地求解了新生成节点的位移等动力参数。

为了提高结构动态裂纹扩展过程的计算效率，对模拟结构静力裂纹扩展的 SBFEM 超单元重剖分方法做了以下改进使之更加完善：

（1）只对当前裂尖超单元用细网格进行离散，其他超单元皆用粗网格且保持不变。

（2）对于一个裂纹扩展步长不能走出当前裂尖超单元的特殊情况，对当前裂尖超单元进行再划分，保证新得到的每个超单元都满足其相似中心的可视条件。

经过改进后的 SBFEM 超单元重剖分方法，大大地减少了计算自由度，提高了计算效率，同时也解决了裂纹每步必须扩展当前裂尖超单元的问题，结束了对裂纹扩展步长的依赖，使其能够模拟裂纹非恒速传播时的动态扩展。

本书提出了基于以上两种重剖分技术的网格映射技术，精确地求解了动态裂纹扩展过程中新生成节点的动力参数（位移、速度和加速度）。通过对带有中心裂纹的矩形板的算例的分析可知，忽略反射波散射的影响，本书两种方法的结果与其他数值结果吻合良好，而且这两种方法在保证计算精度的情况下，使用的自由度数比较少。通过对比这两种方法的计算结果可知，SBFEM 超单元重剖分方法的计算精度更好，而简单网格剖分算法在模拟过程中使用的自由度更少。此外，简单网格剖分算法在有些情况下会出现失效情况，比较适合用于模拟裂纹路径比较简单的问题；而 SBFEM 超单元重剖分方法则不会出现这种情况，适用于模拟复杂裂纹的扩展问题。

5）通过在裂纹扩展面上引入接触判断条件，提出了应用 B-可微方程求解裂纹面之间动摩擦接触问题的方法，解决了大坝-地基系统在地震作用下坝体动态断裂过程模拟中裂纹面相互嵌入的问题；在此过程中，应用比例边界有限元法考虑了无限地基对结构振动能量的耗散，即辐射阻尼的影响。

（1）本书采用地震输入模型为平面波输入模型。本书中 Koyna 坝的地基被分为近场地基（有限开挖体）和远场地基（嵌入式地基），其中近场地基被视为广义结构的一部分，和坝体一样用 SBFEM 超单元离散；远场地基仅在其与近场地基的交界面上用 SBFEM 三节点线单元离散，而远场辐射条件自动满足，和 FEM 需要尽可能大地离散地基相比，可大大降低了计算量。通过求解近场地基和远场地基构成弹性半空间在地震输入情况下的运动来得到广义结构-远场地基相互作用力，进而模拟通过无限地基以波的形式传递过来的地震作用。

（2）以悬臂叠梁的接触问题为例，通过和 ANSYS 计算结果的对比验证了非光滑方程组方法求解接触问题的正确性，并分析了摩擦系数 μ 对接触问题的影响。通过对算例中各种情况的计算分析可以发现，这种接触算法适用于求解裂纹面之间的接触问题，能够更准确地描述裂纹面之间的状态，避免裂纹面在闭合时发生相互嵌入。

（3）对地震作用下 Koyna 坝进行线弹性响应分析，得到的坝体应力分布和 ANSYS 的结果分布形式一致，但是其峰值和坝顶位移峰值都有很大地降低，一定程度上体现无限地基对地震波的耗散效应，从而验证了大坝-地基动力相互作用 SBFEM 程序实现的正确性。

（4）对于地震作用下 Koyna 坝上游面裂纹不扩展的情况，ANSYS 得到的应力强度因子比本书的结果要大，这和线弹性分析时应力分析的结论一样。另外，起始裂纹长度的越长，相应的应力强度因子值越大，而通过除以 $\sqrt{\pi a}$ 得到标准化的值却近似相等。考虑裂纹面之间的接触时，得到的应力强度因子的正值比不考虑裂纹之间的接触时的结果要大，负值的绝对值要小，而裂纹开口位移都$\geqslant 0$。

（5）基于 LEFM 和 SBFEM 超单元重剖分技术对 Koyna 坝上游面不同初始长度的裂纹地震作用下的扩展进行了模拟，所得的裂纹发展路径都接近一条水平直线。坝顶的相对位移响应和相应不扩展时的相差不多，裂纹开口位移也都$\geqslant 0$，但其峰值比相应不扩展时的峰值要大。对于给定的断裂韧性和扩展步长，不同的裂纹初始长度影响着裂纹的起裂时间和扩展步数，并最终导致不同的裂纹扩展长度和路径。而对于给定的断裂韧性和裂纹初始长度，不同的裂纹扩展步长影响裂纹扩展总的长度。可见，在用 LEFM 对地震作用下的混凝土重力坝进行裂纹扩展模拟时，需要合理地选择裂纹的初始长度和扩展步长。

由于作者研究水平的有限性及实际工程问题的复杂性，本书基于 SBFEM 对断裂力学问题的研究及对 SBFEM 方法本身的研究还远远不够，有待于进一步的深入研究。

参考文献

［1］ 张楚汉. 高坝——水电站工程建设中的关键科学技术问题［J］. 贵州水力发电，2005，2（2）：1-4.

［2］ 汪恕诚. 试论中国水电发展趋势［J］. 水力发电，1999（10）：1-2.

［3］ 钟红. 高拱坝地震损伤开裂的大型数值模拟［D］. 大连：大连理工大学，2008.

［4］ 张勇. 等几何分析方法和比例边界等几何分析方法的研究及其工程应用［D］. 大连：大连理工大学，2013.

［5］ Feng L. Fracture analysis of concrete dams by boundary element method［D］. Montreal：Concordia University，1994.

［6］ Plizzari G A. LEFM applications to concrete gravity dams［J］. Journal of Engineering Mechanics，1997，123（8）：808-815.

［7］ 徐世烺，赵国藩. 混凝土断裂力学研究［M］. 大连：大连理工大学出版社，1991.

［8］ Otsuka K，Date H. Fracture process zone in concrete tension specimen［J］. Engineering Fracture Mechanics，2000，65（2-3）：111-131.

［9］ 邓昌铁. 单支墩大头坝劈头裂缝成因的分析［J］. 水利学报，1983（6）：65-70.

［10］ 朱伯芳. 重力坝的劈头裂缝［J］. 水力发电学报，1997（4）：86-94.

［11］ 朱伯芳. 1999年台湾921集集大地震中的水利水电工程［J］. 水力发电学报，2003（1）：21-33.

［12］ Chopra A K，Chakrabarti P. The earthquake experience at koyna dam and stresses in concrete gravity dams［J］. Earthquake Engineering & Structural Dynamics，1972，1（2）：151-164.

［13］ Song C M，Wolf J P. The scaled boundary finite-element method—alias consistent infinitesimal finite-element cell method—for elastodynamics［J］. Computer Methods in Applied Mechanics and Engineering，1997，147（3-4）：329-355.

［14］ Wolf J P，Song C. Finite-element modelling of unbounded media［M］. Chichester：Wiley，1996.

［15］ Westergaard H M. Bearing pressure and cracks［J］. Journal of Applied Mechanics，1939，61：A49-A53.

［16］ Irwin G R. Analysis of stresses and strains near the end of a crack traversing a plate［J］. Journal of Applied Mechanics，1957，24（4）：361-364.

［17］ Anderson T L. Fracture mechanics：fundamentals and applications［M］. Boca Raton：CRC Press，2005.

［18］ Erdogan F，Sih G C. On the crack extension in plate under in plane loading and transverse shear［J］. Journal basic engineering，1963，85（4）：519-527.

［19］ Sih G C. Strain-energy-density factor applied to mixed mode crack problems［J］. International Journal of Fracture，1974，10（3）：305-321.

［20］ Hussain M A，Pu S L，Underwood J. Strain energy release rate for a crack under combined Mode I and ModeII［J］. Fracture Analysis，ASTM STP 560，1974：2-28.

［21］ Barsoum R S. Application of quadratic isoparametric finite elements in linear fracture mechanics［J］. International Journal of Fracture，1974，10（4）：603-605.

［22］ Henshell R D，Shaw K G. Crack tip finite elements are unnecessary［J］. International Journal for

Numerical Methods in Engineering, 1975, 9 (3): 495-507.

[23] Ingraffea A R, Manu C. Stress-intensity factor computation in three dimensions with quarter-point elements [J]. International Journal for Numerical Methods in Engineering, 1980, 15 (10): 1427-1445.

[24] Harrop L P. The optimum size of quarter-point crack tip elements [J]. International Journal for Numerical Methods in Engineering, 1982, 18 (7): 1101-1103.

[25] Eshelby J D. The continuum theory of lattice defects [J]. Solid State Physics, 1956, 1: 79-107.

[26] Rice J R. A path independent integral and the approximate analysis of strain concentration by notches and cracks [J]. Journal of Applied Mechanics, 1968, 35 (2): 379-386.

[27] 李庆芬.断裂力学及其工程应用 [M].哈尔滨市：哈尔滨工程大学出版社，1998.

[28] Reich R W. On the marriage of fracture mechanics and mixed finite element methods: An application to concrete dams [D]. Boulder: University of Colorado, 1993.

[29] Chen Y H, Lu T J. On the path dependence of the J-integral in notch problems [J]. International Journal of Solids and Structures, 2004, 41 (3-4): 607-618.

[30] Im S, Kim K S. An application of two-state M-integral for computing the intensity of the singular near-tip field for a generic wedge [J]. Journal of the Mechanics and Physics of Solids, 2000, 48 (1): 129-151.

[31] Chen Y H. M-integral analysis for two-dimensional solids with strongly interacting microcracks. Part I: in an infinite brittle solid [J]. International Journal of Solids and Structures, 2001, 38 (18): 3193-3212.

[32] 李建波，陈健云，林皋.非网格重剖分模拟宏观裂纹体的扩展有限单元法（2：数值实现）[J].计算力学学报，2006 (03)：317-323.

[33] 吴祥法，范天佑，安冬梅.用路径守恒积分计算平面准晶裂纹扩展的能量释放率 [J].计算力学学报，2000 (01)：36-44.

[34] Shih C F, Asaro R J. Elastic-plastic analysis of cracks on bimaterial interfaces: part I—small scale yielding [J]. Journal of Applied Mechanics, 1988, 55: 299-316.

[35] Stern M, Becker E B, Dunham R S. A contour integral computation of mixed-mode stress intensity factors [J]. International Journal of Fracture, 1976, 12 (3): 359-368.

[36] 张盛明.双材料表面裂纹应力强度因子的数值研究 [D].浙江工业大学，2010.

[37] Yang X X, Kuang Z B. Contour integral method for stress intensity factors of interface crack [J]. International Journal of Fracture, 1996, 78 (3-4): 299-313.

[38] Parks D M. A stiffness derivative finite element technique for determination of crack tip stress intensity factors [J]. International Journal of Fracture, 1974, 10 (4): 487-502.

[39] Hellen T K. On the method of virtual crack extensions [J]. International Journal for Numerical Methods in Engineering, 1975, 9 (1): 187-207.

[40] Li F Z, Shih C F, Needleman A. A comparison of methods for calculating energy release rates [J]. Engineering Fracture Mechanics, 1985, 21 (2): 405-421.

[41] Shih C F, Moran B, Nakamura T. Energy release rate along a three-dimensional crack front in a thermally stressed body [J]. International Journal of Fracture, 1986, 30 (2): 79-102.

[42] Nikishkov G P, Atluri S N. Calculation of fracture mechanics parameters for an arbitrary three-dimensional crack, by the 'equivalent domain integral' method [J]. International Journal for Numerical Methods in Engineering, 1987, 24 (9): 1801-1821.

[43] Yang Z J, Chen J F. Fully automatic modelling of cohesive discrete crack propagation in concrete

beams using local arc-length methods [J]. INTERNATIONAL JOURNAL OF SOLIDS AND STRUCTURES，2004，41 (3-4)：801-826.

[44] Kaplan M F. Crack propagation and the fracture of concrete [J]. ACI Journal proceedings，1961，58 (11)：591-610.

[45] Kesler C E，Naus D J，Lott J L. Fracture mechanics-its applicability to concrete [Z]. Transport and Road Research Laboratory，1972.

[46] 徐世烺，赵国藩. 巨型试件断裂韧度和高混凝土坝裂缝评定的断裂韧度准则 [J]. 土木工程学报，1991，24 (2)：1-9.

[47] 徐世烺. 混凝土断裂力学 [M]. 北京：科学出版社，2011：538.

[48] 徐世烺，吴智敏，丁生根. 混凝土双 K 断裂参数的实用解析方法 [J]. 工程力学，2003 (03)：54-61.

[49] Xu S L，Reinhardt H W. Determination of double-K criterion for crack propagation in quasi-brittle fracture，Part II：Analytical evaluating and practical measuring methods for three-point bending notched beams [J]. International Journal of Fracture，1999，98 (2)：151-177.

[50] 徐世烺，赵国藩. 混凝土结构裂缝扩展的双 K 断裂准则 [J]. 土木工程学报，1992 (02)：32-38.

[51] Rashid Y R. Ultimate strength analysis of prestressed concrete pressure vessels [J]. Nuclear Engineering and Design，1968，7 (4)：334-344.

[52] Chang T，Taniguchi H，Chen W. Nonlinear Finite Element Analysis of Reinforced Concrete Panels [J]. Journal of Structural Engineering，1987，113 (1)：122-140.

[53] Bazant Z P. Instability，ductility，and size effect in strain-softening concrete [J]. Journal of the Engineering Mechanics Division，1976，102 (2)：331-344.

[54] Bazant Z P，Cedolin L. Blunt crack band propagation in finite element analysis [J]. Journal of the Engineering Mechanics Division，1979，105 (2)：297-315.

[55] Cervenka J. Discrete crack modeling in concrete structures [D]. Colorado，Boulder：University of Colorado，1994.

[56] 朱万成，唐春安，赵启林，等. 混凝土断裂过程的力学模型与数值模拟 [J]. 力学进展，2002 (04)：579-598.

[57] 宋玉普，王怀亮. 全级配大体积混凝土的内时损伤本构模型 [J]. 水利学报，2006 (7)：769-777.

[58] 王中强，余志武. 基于能量损失的混凝土损伤模型 [J]. 建筑材料学报，2004，7 (4)：365-369.

[59] Bažant Z P，Oh B H. Crack band theory for fracture of concrete [J]. Matériaux et Construction，1983，16 (3)：155-177.

[60] Hillerborg A M M P P. Analysis of crack formation and crack growth in concrete by means of fracture mechanics and finite elements [J]. Cement and Concrete Research，1976，6：773-782.

[61] Petersson P E. Crack growth and development of fracture zone in plain concrete and similar materials，Report TVBM-1006 [R]. Lund：Lund Institute of Technology，1981.

[62] Dugdale D S. Yielding of steel sheets containing slits [J]. Journal of the Mechanics and Physics of Solids，1960，8 (2)：100-104.

[63] Barenblatt G I. The mathematical theory of equilibrium crack in the brittle fracture [J]. Advances in applied mechanics，1962，7：55-125.

[64] 张楚汉，金峰等. 岩石和混凝土离散-接触-断裂分析 [M]. 北京：清华大学出版社，2008：534.

[65] 范向前，胡少伟，陆俊. 不同类型混凝土断裂特性研究 [J]. 混凝土，2012 (03)：46-51.

[66] Brühwiler E，Wittmann F H. The wedge splitting test，a new method of performing stable fracture mechanics tests [J]. Engineering Fracture Mechanics，1990，35 (1-3)：117-125.

[67] Saouma V E，Ingraffea A R. Fracture mechanics analysis of discrete cracking [C]. Delft，the Netherlands：Proceedings of IABSE Colloquium on Advanced Mechanics of Reinforced Concrete，1981.

[68] Gerstle W，Xie M. FEM modeling of fictitious crack propagation in concrete [J]. Journal of Engineering Mechanics，1992，118 (2)：416-434.

[69] Lotfi H R. Finite element analysis of fracture of concrete and masonry structures [D]. Boulder：University of Colorado at Boulder，1992.

[70] Xie M，Gerstle W H. Energy-based cohesive crack propagation modeling [J]. Journal of Engineering Mechanics，1995，121 (12)：1349-1358.

[71] James M A. A plane stress finite element model for elastic-plastic mode I/II crack growth [D]. Manhattan：Kansas State University，1998.

[72] Habraken A M，Cescotto S. An automatic remeshing technique for finite element simulation of forming processes [J]. International Journal for Numerical Methods in Engineering，1990，30 (8)：1503-1525.

[73] Ngo D，Scordelis A C. Finite element analysis of reinforced concrete beams [J]. ACI Journal Proceedings，1967，64 (3)：152-163.

[74] Yagawa G，Sakai Y，Ando Y. Analysis of a rapidly propagating crack using finite elements [C]. In：G. T. Hahn，M. F. Kanninen. Fast Fracture and Crack Arrest. ASTM STP，1977：109-122.

[75] Kanninen M F. A critical appraisal of solution techniques in dynamic fracture mechanics [C]. In：A. R. Luxmore，D. R. Owen. Numerical Methods in Fracture Mechanics. Swansea (UK)：Pineridge Press，1978：612-633.

[76] Nishioka T，Atluri S N. Numerical modeling of dynamic crack propagation in finite bodies by moving singular elements，Part 1：Formulation [J]. Journal of Applied Mechanics，1980，47 (3)：570-576.

[77] Nishioka T，Atluri S N. Numerical modeling of dynamic crack propagation in finite bodies，by moving singular elements. Part 2：Results [J]. Journal of Applied Mechanics，1980，47 (3)：577-582.

[78] Koh H M，Haber R B. Elastodynamic formulation of the Eulerian-Lagrangian kinematic description [J]. Journal of applied mechanics，1986，53 (4)：839-845.

[79] Wawrzynek P A，Ingraffea A R. An interactive approach to local remeshing around a propagating crack [J]. Finite Elements in Analysis and Design，1989，5 (1)：87-96.

[80] Zhang X，Song Y，Wu Z. Calculation model of equivalent strength for induced crack based on double-K fracture theory and its optimizing setting in RCC arch dam [J]. Transactions of Tianjin University，2005，11 (1)：59-65.

[81] Shahani A R，Fasakhodi M. Finite element analysis of dynamic crack propagation using remeshing technique [J]. Materials & Design，2009，30 (4)：1032-1041.

[82] Gerstle W，Abdalla J. Finite element meshing criteria for crack problems [J]. ASTM special technical publication，1990，1074：509-521.

[83] Barsoum R S. Triangular quarter-point elements as elastic and perfectly-plastic crack tip elements [J]. International Journal for Numerical Methods in Engineering，1977，11 (1)：85-98.

[84] Banks-Sills L，Sherman D. Comparison of methods for calculating stress intensity factors with quarter-point elements [J]. International Journal of Fracture，1986，32 (2)：127-140.

[85] Xie M，Gerstle W H，Rahulkumar P. Energy-based automatic mixed-mode crack propagation modeling [J]. Journal of Engineering Mechanics，1995，121 (8)：914-923.

[86] Yang Z J，Chen J F，Holt G D. Efficient evaluation of stress intensity factors using virtual crack

extension technique [J]. Computers & Structures, 2001, 79 (31): 2705-2715.

[87] Fredholm I. Sur une classe d'équations fonctionnelles [J]. Acta Mathematica, 1903, 27 (1): 365-390.

[88] Rizzo F J. An integral equation approach to boundary value problems of classical elastostatics [J]. Quarterly of Applied Mathematics, 1967, 25 (1): 83-95.

[89] Ingraffea A R, Blandford G E, Liggett J A. Automatic modelling of mixed-mode fatigue and quasi-static crack propagation using the boundary element method [J]. Fracture Mechanics: Fourteenth Symposium, ASTM STP, 1983, 791: I407-I426.

[90] Gerstle W H. Finite and boundary element modelling of crack propagation in two-and three-dimensions using interactive computer graphics [D]. Ithaca N. Y.: Comell University, 1986.

[91] Doblare M, Espiga F, Gracia L, et al. Study of crack propagation in orthotropic materials by using the boundary element method [J]. Engineering Fracture Mechanics, 1990, 37 (5): 953-967.

[92] Gallego R, Dominguez J. Dynamic crack propagation analysis by moving singular boundary elements [J]. Journal of applied mechanics, 1992, 59 (2S): S158-S162.

[93] Cen Z, Maier G. Bifurcations and instabilities in fracture of cohesive-softening structures: A boundary element analysis [J]. Fatigue & Fracture of Engineering Materials & Structures, 1992, 15 (9): 911-928.

[94] Portela A, Aliabadi M H, Rooke D P. Dual boundary element incremental analysis of crack propagation [J]. Computers & Structures, 1993, 46 (2): 237-247.

[95] Albuquerque E L, Sollero P, Aliabadi M H. Dual boundary element method for anisotropic dynamic fracture mechanics [J]. International Journal for Numerical Methods in Engineering, 2004, 59 (9): 1187-1205.

[96] Saleh A L, Aliabadi M H. Boundary element analysis of the pullout behaviour of an anchor bolt embedded in concrete [J]. Mechanics of Cohesive-frictional Materials, 1996, 1 (3): 235-249.

[97] 杜庆华等. 边界积分方程方法-边界元法：力学基础与工程应用 [M]. 北京：高等教育出版社，1989：301.

[98] 宋崇民，张楚汉. 水坝抗震分析的动力边界元方法 [J]. 地震工程与工程振动，1988，8 (4)：13-26.

[99] 金峰，张楚汉，王光纶. 拱坝-地基动力相互作用的时域模型 [J]. 土木工程学报，1997，30 (1)：43-51.

[100] Chuhan Z, Feng J, Pekau O A. Time domain procedure of FE-BE-IBE coupling for seismic interaction of arch dams and canyons [J]. Earthquake Engineering & Structural Dynamics, 1995, 24 (12): 1651-1666.

[101] 徐艳杰，张楚汉，金峰. 非线性拱坝-地基动力相互作用的 FE-BE-IBE 模型 [J]. 清华大学学报（自然科学版），1998 (11)：100-104.

[102] 柯建仲，许世孟，陈昭旭，等. 基于边界元法各向异性岩石的裂纹传播路径分析 [J]. 岩石力学与工程学报，2010 (01)：34-42.

[103] Lucy L B. A numerical approach to the testing of the fission hypothesis [J]. Astronomical Journal, 1977, 82 (12): 1013-1024.

[104] Libersky L D, Petschek A G. Smooth particle hydrodynamics with strength of materials [M]. Advances in the Free-Lagrange Method Including Contributions on Adaptive Gridding and the Smooth Particle Hydrodynamics Method, Trease H E, Fritts M F, Crowley W P, Springer Berlin Heidelberg, 1991, 248-257.

[105] Swegle J W, Hicks D L, Attaway S W. Smoothed Particle Hydrodynamics Stability Analysis [J]. Journal of Computational Physics, 1995, 116 (1): 123-134.

[106] Attaway S W, Heinstein M W, Swegle J W. Coupling of smooth particle hydrodynamics with the finite element method [J]. Nuclear Engineering and Design, 1994, 150 (2-3): 199-205.

[107] 王吉. 光滑粒子法与有限元的耦合算法及其在冲击动力学中的应用 [D]. 中国科学技术大学, 2006.

[108] Nayroles B, Touzot G, Villon P. Generalizing the finite element method: Diffuse approximation and diffuse elements [J]. Computational Mechanics, 1992, 10 (5): 307-318.

[109] Belytschko T, Lu Y Y, Gu L. Element-free Galerkin methods [J]. International Journal for Numerical Methods in Engineering, 1994, 37 (2): 229-256.

[110] Liu W K, Jun S, Zhang Y F. Reproducing kernel particle methods [J]. International Journal for Numerical Methods in Fluids, 1995, 20 (8-9): 1081-1106.

[111] Belytschko T, Krongauz Y, Organ D, et al. Meshless methods: An overview and recent developments [J]. Computer Methods in Applied Mechanics and Engineering, 1996, 139 (1-4): 3-47.

[112] Zhou J X, Wang X M, Zhang Z Q, et al. Explicit 3-D RKPM shape functions in terms of kernel function moments for accelerated computation [J]. Computer Methods in Applied Mechanics and Engineering, 2005, 194 (9-11): 1027-1035.

[113] Ventura G, Budyn E, Belytschko T. Vector level sets for description of propagating cracks in finite elements [J]. International Journal for Numerical Methods in Engineering, 2003, 58 (10): 1571-1592.

[114] Duarte C A, Oden J T. Hp clouds-an hp meshless method [J]. Numerical methods for partial differential equations, 1996, 12 (6): 673-706.

[115] Melenk J M, Babuska I. The partition of unity finite element method: Basic theory and applications [J]. Computer Methods In Applied Mechanics And Engineering, 1996, 139 (1-4): 289-314.

[116] Liszka T J, Duarte C, Tworzydlo W W. hp-Meshless cloud method [J]. Computer Methods in Applied Mechanics and Engineering, 1996, 139 (1-4): 263-288.

[117] Oden J T, Duarte C, Zienkiewicz O C. A new cloud-based hp finite element method [J]. Computer Methods in Applied Mechanics and Engineering, 1998, 153 (1-2): 117-126.

[118] Babuska I, Melenk J M. The partition of unity method [J]. International Journal for Numerical Methods in Engineering, 1997, 40 (4): 727-758.

[119] Sulsky D, Zhou S J, Schreyer H L. Application of a particle-in-cell method to solid mechanics [J]. Computer Physics Communications, 1995, 87 (1-2): 236-252.

[120] Liszka T, Orkisz J. The finite difference method at arbitrary irregular grids and its application in applied mechanics [J]. Computers & Structures, 1980, 11 (1-2): 83-95.

[121] Onate E, Idelsohn S, Zienkiewicz O C, et al. A stabilized finite point method for analysis of fluid mechanics problems [J]. Computer Methods in Applied Mechanics and Engineering, 1996, 139 (1-4): 315-346.

[122] 寇晓东, 周维垣. 应用无单元法追踪裂纹扩展 [J]. 岩石力学与工程学报, 2000 (1): 18-23.

[123] 栾茂田, 张大林, 杨庆, 等. 有限覆盖无单元法在裂纹扩展数值分析问题中的应用 [J]. 岩土工程学报, 2003 (5): 527-531.

[124] 黄岩松, 周维垣, 胡云进. 应用三维无单元伽辽金法追踪裂纹扩展 [J]. 水利学报, 2006 (1): 63-69.

[125] 蔡永昌, 朱合华. 裂纹扩展过程模拟的无网格 MSLS 方法 [J]. 工程力学, 2010 (7): 21-26.

[126] Belytschko T, Black T. Elastic crack growth in finite elements with minimal remeshing [J]. International Journal for Numerical Methods in Engineering, 1999, 45 (5): 601-620.

[127] Daux C, Moes N, Dolbow J, et al. Arbitrary branched and intersecting cracks with the extended finite element method [J]. International Journal for Numerical Methods in Engineering, 2000, 48 (12): 1741-1760.

[128] Budyn E, Zi G, Moes N, et al. A method for multiple crack growth in brittle materials without remeshing [J]. International Journal for Numerical Methods in Engineering, 2004, 61 (10): 1741-1770.

[129] Mariano P M, Stazi F L. Strain localization due to crack-microcrack interactions: X-FEM for a multifield approach [J]. Computer Methods in Applied Mechanics and Engineering, 2004, 193 (45-47): 5035-5062.

[130] Wells G N, Sluys L J. A new method for modelling cohesive cracks using finite elements [J]. International Journal for Numerical Methods in Engineering, 2001, 50 (12): 2667-2682.

[131] Moes N, Belytschko T. Extended finite element method for cohesive crack growth [J]. Engineering Fracture Mechanics, 2002, 69 (7): 813-833.

[132] Zi G, Belytschko T. New crack-tip elements for XFEM and applications to cohesive cracks [J]. International Journal for Numerical Methods in Engineering, 2003, 57 (15): 2221-2240.

[133] Mariani S, Perego U. Extended finite element method for quasi-brittle fracture [J]. International Journal for Numerical Methods in Engineering, 2003, 58 (1): 103-126.

[134] Xiao Q Z, Karihaloo B L, Liu X Y. Incremental-secant modulus iteration scheme and stress recovery for simulating cracking process in quasi-brittle materials using XFEM [J]. International Journal for Numerical Methods in Engineering, 2007, 69 (12): 2606-2635.

[135] Meschke G, Dumstorff P. Energy-based modeling of cohesive and cohesionless cracks via X-FEM [J]. Computer Methods in Applied Mechanics and Engineering, 2007, 196 (21-24): 2338-2357.

[136] Dolbow J, Moes N, Belytschko T. An extended finite element method for modeling crack growth with frictional contact [J]. Computer Methods in Applied Mechanics and Engineering, 2001, 190 (51-52): 6825-6846.

[137] Borja R I. Assumed enhanced strain and the extended finite element methods: A unification of concepts [J]. Computer Methods in Applied Mechanics and Engineering, 2008, 197 (33-40): 2789-2803.

[138] Liu F S, Borja R I. A contact algorithm for frictional crack propagation with the extended finite element method [J]. International Journal For Numerical Methods In Engineering, 2008, 76 (10): 1489-1512.

[139] Belytschko T, Chen H, Xu J X, et al. Dynamic crack propagation based on loss of hyperbolicity and a new discontinuous enrichment [J]. International Journal for Numerical Methods in Engineering, 2003, 58 (12): 1873-1905.

[140] Rethore J, Gravouil A, Combescure A. An energy-conserving scheme for dynamic crack growth using the extended finite element method [J]. International Journal for Numerical Methods in Engineering, 2005, 63 (5): 631-659.

[141] Song J H, Belytschko T. Cracking node method for dynamic fracture with finite elements [J]. International Journal for Numerical Methods in Engineering, 2009, 77 (3): 360-385.

[142] 方修君. 基于扩展有限元方法的连续-非连续过程静动力模拟研究 [D]. 北京: 清华大学, 2007.

[143] 霍中艳, 郑东健. 基于 XFEM 的重力坝裂缝扩展路径的探讨 [J]. 三峡大学学报 (自然科学版),

2010 (04): 11-15.

[144] Song C M, Wolf J P. Semi-analytical representation of stress singularities as occurring in cracks in anisotropic multi-materials with the scaled boundary finite-element method [J]. Computers & Structures, 2002, 80 (2): 183-197.

[145] Song C M. A super-element for crack analysis in the time domain [J]. International Journal for Numerical Methods in Engineering, 2004, 61 (8): 1332-1357.

[146] Yang Z J. Fully automatic modelling of mixed-mode crack propagation using scaled boundary finite element method [J]. Engineering Fracture Mechanics, 2006, 73 (12): 1711-1731.

[147] 阎俊义. 结构-地基相互作用的 FE-SBFE 时域耦合方法及其工程应用 [D]. 北京: 清华大学, 2004.

[148] 杜建国. 基于 SBFEM 的大坝-库水-地基动力相互作用分析 [D]. 大连: 大连理工大学, 2007.

[149] Dasgupta G. A finite element formulation for unbounded homogeneous continua [J]. Journal of Applied Mechanics-Transactions of the ASME, 1982, 49 (1): 136-140.

[150] Wolf J P, Weber B. On calculating the dynamic—stiffness matrix of the unbounded soil by cloing [C]. In: R. Danger, G. N. Pan, J. A. Stoder. International Symposium on Numerical Methods in Geomechanics. Rotterdam: A. A. Balkema, 1982: 486-494.

[151] Song C, Wolf J P. Unit-impulse response matrix of unbounded medium by finite-element based forecasting [J]. International Journal For Numerical Methods In Engineering, 1995, 38 (7): 1073-1086.

[152] Wolf J P, Song C. Dynamic-stiffness matrix of unbounded soil by finite-element multi-cell cloning [J]. Earthquake Engineering & Structural Dynamics, 1994, 23 (3): 233-250.

[153] Wolf J P, Song C. Dynamic-stiffness matrix in time domain of unbounded medium by infinitesimal finite element cell method [J]. Earthquake Engineering & Structural Dynamics, 1994, 23 (11): 1181-1198.

[154] Song C M, Wolf J P. Consistent infinitesimal finite-element cell method: Three-dimensional vector wave equation [J]. International Journal for Numerical Methods in Engineering, 1996, 39 (13): 2189-2208.

[155] Deeks A J, Wolf J P. A virtual work derivation of the scaled boundary finite-element method for elastostatics [J]. Computational Mechanics, 2002, 28 (6): 489-504.

[156] Deeks A J, Wolf J P. Semi-analytical elastostatic analysis of unbounded two-dimensional domains [J]. International Journal for Numerical and Analytical Methods in Geomechanics, 2002, 26 (11): 1031-1057.

[157] Deeks A J, Wolf J P. An h-hierarchical adaptive procedure for the scaled boundary finite-element method [J]. International Journal for Numerical Methods in Engineering, 2002, 54 (4): 585-605.

[158] Song C M. A matrix function solution for the scaled boundary finite-element equation in statics [J]. Computer Methods in Applied Mechanics and Engineering, 2004, 193 (23-26): 2325-2356.

[159] Vu T H, Deeks A J. Use of higher-order shape functions in the scaled boundary finite element method [J]. International Journal for Numerical Methods in Engineering, 2006, 65 (10): 1714-1733.

[160] Song C M. Weighted block-orthogonal base functions for static analysis of unbounded domains [M]. Computational Mechanics, Proceedings, Beijing: Tsinghua University Press, 2004, 615-620.

[161] Song C M. Dynamic analysis of unbounded domains by a reduced set of base functions [J]. Computer

Methods in Applied Mechanics and Engineering，2006，195（33-36）：4075-4094.

[162] Wang Y，Lin G，Hu Z Q. A Coupled FE and Scaled Boundary FE-Approach for the Earthquake Response Analysis of Arch Dam-Reservoir-Foundation System [J]. IOP Conference Series：Materials Science and Engineering，2010，10（10）：12212.

[163] 杜建国，林皋. 基于比例边界有限元法的结构-地基动力相互作用时域算法的改进 [J]. 水利学报，2007（1）：8-14.

[164] Yan J Y，Zhang C H，Jin F. A coupling procedure of FE and SBFE for soil-structure interaction in the time domain [J]. International Journal for Numerical Methods in Engineering，2004，59（11）：1453-1471.

[165] 何广华，滕斌，李博宁，等. 应用比例边界有限元法研究波浪与带狭缝三箱作用的共振现象 [J]. 水动力学研究与进展，2006，21（3）：418-424.

[166] Li B M，Cheng L，Deeks A J，et al. A modified scaled boundary finite-element method for problems with parallel side-faces. Part I. Theoretical developments [J]. Applied Ocean Research，2005，27（4-5）：216-223.

[167] Li B N，Cheng L，Deeks A J，et al. A modified scaled boundary finite-element method for problems with parallel side-faces. Part II. Application and evaluation [J]. Applied Ocean Research，2005，27（4-5）：224-234.

[168] Fan S C，Li S M，Yu G Y. Dynamic fluid-structure interaction analysis using boundary finite element method-finite element method [J]. Journal of Applied Mechanics，2005，72（4）：591-598.

[169] Doherty J P，Deeks A J. Scaled boundary finite-element analysis of a non-homogeneous elastic half-space [J]. International Journal for Numerical Methods in Engineering，2003，57（7）：955-973.

[170] Mahmoud M，El-Hamalawi A. Two-dimensional development of the dynamic coupled consolidation scaled boundary finite-element method for fully saturated soils [J]. Soil Dynamics and Earthquake Engineering，2007，27（2）：153-165.

[171] Lehmann L，Langer S，Clasen D. Scaled boundary finite element method for acoustics [J]. Journal of Computational Acoustics，2006，14（4）：489-506.

[172] Liu J，Lin G. A scaled boundary finite element method applied to electrostatic problems [J]. Engineering Analysis with Boundary Elements，2012，36（12）：1721-1732.

[173] Liu J，Lin G. Analysis of a quadruple corner-cut ridged/vane-loaded circular waveguide using scaled boundary finite element method [J]. Progress In Electromagnetics Research M，2011，17：113-133.

[174] Deeks A J，Cheng L. Potential flow around obstacles using the scaled boundary finite-element method [J]. International Journal for Numerical Methods in Fluids，2003，41（7）：721-741.

[175] 阎俊义，金峰，张楚汉. 基于线性系统理论的 FE-SBFE 时域耦合方法 [J]. 清华大学学报（自然科学版），2003（11）：1554-1557.

[176] 施明光. 基于比例边界有限元的断裂模拟及其工程应用 [D]. 清华大学，2013.

[177] 陈灯红，杜成斌. 基于 SBFE 和改进连分式的有限域动力分析 [J]. 力学学报，2013（2）：297-301.

[178] 陈灯红. 基于比例边界有限元法的高阶透射边界应用 [J]. 力学与实践，2013（3）：66-71.

[179] 胡志强，林皋，王毅，等. 基于 Hamilton 体系的弹性力学问题的比例边界有限元方法 [J]. 计算力学学报，2011（4）：510-516.

[180] 张勇，林皋，胡志强，等. 基于等几何分析的比例边界有限元方法 [J]. 计算力学学报，2012（03）：433-438.

[181] 滕斌，赵明，何广华. 三维势流场的比例边界有限元求解方法 [J]. 计算力学学报，2006 (03)：301-306.

[182] Song C, Bazyar M H. A boundary condition in Padé series for frequency-domain solution of wave propagation in unbounded domains [J]. International Journal for Numerical Methods in Engineering, 2007, 69 (11): 2330-2358.

[183] Prempramote S, Song C M, Tin-Loi F, et al. High-order doubly asymptotic open boundaries for scalar wave equation [J]. International Journal for Numerical Methods in Engineering, 2009, 79 (3): 340-374.

[184] Zhang X, Wegner J L, Haddow J B. Three-dimensional dynamic soil-structure interaction analysis in the time domain [J]. Earthquake Engineering & Structural Dynamics, 1999, 28 (12): 1501-1524.

[185] Genes M C, Kocak S. Dynamic soil-structure interaction analysis of layered unbounded media via a coupled finite element/boundary element/scaled boundary finite element model [J]. International Journal for Numerical Methods in Engineering, 2005, 62 (6): 798-823.

[186] Radmanovic B, Katz C. A high performance scaled boundary finite element method [J]. IOP Conference Series: Materials Science and Engineering, 2010, 10: 12214.

[187] Chidgzey S R, Deeks A J. Determination of coefficients of crack tip asymptotic fields using the scaled boundary finite element method [J]. Engineering Fracture Mechanics, 2005, 72 (13): 2019-2036.

[188] Song C M. Evaluation of power-logarithmic singularities, T-stresses and higher order terms of in-plane singular stress fields at cracks and multi-material corners [J]. Engineering Fracture Mechanics, 2005, 72 (10): 1498-1530.

[189] Song C M, Vrcelj Z. Evaluation of dynamic stress intensity factors and T-stress using the scaled boundary finite-element method [J]. Engineering Fracture Mechanics, 2008, 75 (8): 1960-1980.

[190] Song C M, Tin-Loi F, Gao W. A definition and evaluation procedure of generalized stress intensity factors at cracks and multi-material wedges [J]. Engineering Fracture Mechanics, 2010, 77 (12): 2316-2336.

[191] Li C, Man H, Song C M, et al. Fracture analysis of piezoelectric materials using the scaled boundary finite element method [J]. Engineering Fracture Mechanics, 2013, 97: 52-71.

[192] He Y Q, Yang H T, Deeks A J. Determination of coefficients of crack tip asymptotic fields by an element-free Galerkin scaled boundary method [J]. Fatigue & Fracture of Engineering Materials & Structures, 2012, 35 (8SI): 767-785.

[193] 朱朝磊，李建波，林皋. 基于 SBFEM 任意角度混合型裂纹断裂能计算的 J 积分方法研究 [J]. 土木工程学报，2011 (04)：16-22.

[194] Yang Z J, Deeks A J. Fully-automatic modelling of cohesive crack growth using a finite element-scaled boundary finite element coupled method [J]. Engineering Fracture Mechanics, 2007, 74 (16): 2547-2573.

[195] Yang Z J, Deeks A J. Modelling cohesive crack growth using a two-step finite element-scaled boundary finite element coupled method [J]. International Journal of Fracture, 2007, 143 (4): 333-354.

[196] Lin G, Zhu C L, Li J B, et al. Dynamic crack propagation analysis using scaled boundary finite element method [J]. Transactions of Tianjin University, 2013, 6 (19): 391-397.

[197] Zhu C L, Lin G, Li J B. Modelling cohesive crack growth in concrete beams using scaled boundary

finite element method based on super-element remeshing technique [J]. Computers & Structures, 2013, 121: 76-86.

[198] Yang Z J, Deeks A J, Hao H. Transient dynamic fracture analysis using scaled boundary finite element method: a frequency-domain approach [J]. Engineering Fracture Mechanics, 2007, 74 (5): 669-687.

[199] Ooi E T, Yang Z J. Modelling dynamic crack propagation using the scaled boundary finite element method [J]. International Journal for Numerical Methods in Engineering, 2011, 88 (4): 329-349.

[200] 刘钧玉，林皋，胡志强，等.裂纹内水压分布对重力坝断裂特性的影响 [J]. 土木工程学报，2009 (03)：132-141.

[201] Wolf J P, Song C M. The scaled boundary finite-element method-a primer: derivations [J]. Computers & Structures, 2000, 78 (1-3): 191-210.

[202] Song C M, Wolf J P. The scaled boundary finite-element method-a fundamental solution-less boundary- element method [J]. Computer Methods in Applied Mechanics and Engineering, 2001, 190 (42): 5551-5568.

[203] Sun C T, Jih C J. On Strain-energy release rates for interfacial cracks in bi-material media [J]. Engineering Fracture Mechanics, 1987, 28 (1): 13-20.

[204] 周海龙.平面应力状态下J积分与K_Ⅰ关系的推导 [J]. 重庆交通学院学报，2006 (2)：35-37.

[205] 范天佑.断裂理论基础 [M]. 北京：科学出版社，2003.

[206] Bittencourt T N, Wawrzynek P A, Ingraffea A R, et al. Quasi-automatic simulation of crack propagation for 2D LEFM problems [J]. Engineering Fracture Mechanics, 1996, 55 (2): 321-334.

[207] Yang Z J, Chen J F. Finite element modelling of multiple cohesive discrete crack propagation in reinforced concretebeams [J]. Engineering Fracture Mechanics, 2005, 72 (14): 2280-2297.

[208] Denda M, Dong Y F. Complex variable approach to the BEM for multiple crack problems [J]. Computer Methods in Applied Mechanics and Engineering, 1997, 141 (3-4): 247-264.

[209] Snyder M D, Cruse T A. Boundary-integral equation analysis of cracked anisotropic plates [J]. International Journal of Fracture, 1975, 11 (2): 315-328.

[210] Wolf J P. The scaled boundary finite element method [M]. Chichester: John Wiley & Sons Ltd, 2003.

[211] Ooi E T, Yang Z J. Modelling crack propagation in reinforced concrete using a hybrid finite element-scaled boundary finite element method [J]. Engineering Fracture Mechanics, 2011, 78 (2): 252-273.

[212] Ooi E T, Yang Z J. A hybrid finite element-scaled boundary finite element method for crack propagation modeling [J]. Computer Methods in Applied Mechanics and Engineering, 2010, 199 (17-20): 1178-1192.

[213] Ooi E T, Yang Z J. Modelling multiple cohesive crack propagation using a finite element- scaled boundary finite element coupled method [J]. Engineering Analysis with Boundary Elements, 2009, 33 (7): 915-929.

[214] 董伟.混凝土Ⅰ-Ⅱ复合型裂缝起裂准则的试验研究与裂缝扩展过程的数值模拟 [D]. 大连理工大学，2008.

[215] Saleh A L, Aliabadi M H. Crack growth analysis in concrete using boundary element method [J]. Engineering Fracture Mechanics, 1995, 51 (4): 533-545.

[216] Cendón D A, Gálvez J C, Elices M, et al. Modelling the fracture of concrete under mixed loading

[J]. International Journal of Fracture, 2000, 103 (3): 293-310.

[217] Rots J, De Borst R. Analysis of Mixed - Mode Fracture in Concrete [J]. Journal of Engineering Mechanics, 1987, 113 (11): 1739-1758.

[218] Arrea M, Ingraffea A R. Mixed-mode crack propagation in mortar and concrete, Report No. 81-13 [R]. Syracuse: Cornell University, 1982.

[219] Sih G C, Embley G T, Ravera R S. Impact response of a finite crack in plane extension [J]. International Journal of Solids and Structures, 1972, 8 (7): 977-993.

[220] Aoki S, Kishimoto K, Kondo H, et al. Elastodynamic analysis of crack by finite element method using singular element [J]. International Journal of Fracture, 1978, 14 (1): 59-68.

[221] Freund L B. Dynamic fracturemechanics [M]. Cambridge: Cambridge university press, 1998.

[222] Freund L B. Crack propagation in an elastic solid subjected to general loading—Ⅲ. Stress wave loading [J]. Journal of the Mechanics and Physics of Solids, 1973, 21 (2): 47-61.

[223] Ayari M L, Saouma V E. A fracture mechanics based seismic analysis of concrete gravity dams using discrete cracks [J]. Engineering Fracture Mechanics, 1990, 35 (1-3): 587-598.

[224] Ahmadi M T, Izadinia M, Bachmann H. A discrete crack joint model for nonlinear dynamic analysis of concrete arch dam [J]. Computers & Structures, 2001, 79 (4): 403-420.

[225] Bhattacharjee S S, Léger P. Application of NLFM models to predict cracking in concrete gravity dams [J]. Journal of Structural Engineering, 1994, 120 (4): 1255-1271.

[226] Léger P, Leclerc M. Evaluation of earthquake ground motions to predict cracking response of gravity dams [J]. Engineering Structures, 1996, 18 (3): 227-239.

[227] Wang G L, Pekau O A, Zhang C H, et al. Seismic fracture analysis of concrete gravity dams based on nonlinear fracture mechanics [J]. Engineering Fracture Mechanics, 2000, 65 (1): 67-87.

[228] Sih G C, Ditommaso A, Ingraffea A R, et al. Numerical modeling of discrete crack propagation in reinforced and plain concrete [M]. Fracture mechanics of concrete: Structural application and numerical calculation, Sih G C, Ditommaso A, Springer Netherlands, 1985, 171-225.

[229] Theiner Y, Hofstetter G. Numerical prediction of crack propagation and crack widths in concrete structures [J]. Engineering Structures, 2009, 31 (8): 1832-1840.

[230] Markovic M, Krauberger N, Saje M, et al. Non-linear analysis of pre-tensioned concrete planar beams [J]. Engineering Structures, 2013, 46: 279-293.

[231] Calayir Y, Karaton M. Seismic fracture analysis of concrete gravity dams including dam-reservoir interaction [J]. Computers & Structures, 2005, 83 (19-20): 1595-1606.

[232] Calayir Y, Karaton M. A continuum damage concrete model for earthquake analysis of concrete gravity dam-reservoir systems [J]. Soil Dynamics and Earthquake Engineering, 2005, 25 (11): 857-869.

[233] Batta V, Pekau O A. Application of boundary element analysis for multiple seismic cracking in concrete gravity dams [J]. Earthquake Engineering & Structural Dynamics, 1996, 25 (1): 15-30.

[234] Pekau O A, Lingmin F, Chuhan Z. Seismic fracture of koyna dam: Case study [J]. Earthquake Engineering & Structural Dynamics, 1995, 24 (1): 15-33.

[235] Unger J F, Eckardt S, Konke C. Modelling of cohesive crack growth in concrete structures with the extended finite element method [J]. Computer Methods in Applied Mechanics and Engineering, 2007, 196 (41-44): 4087-4100.

[236] 方修君，金峰，王进廷. 基于扩展有限元法的 Koyna 重力坝地震开裂过程模拟 [J]. 清华大学学报（自然科学版），2008 (12): 2065-2069.

[237] Ren Q, Dong Y, Yu T. Numerical modeling of concrete hydraulic fracturing with extended finite element method [J]. Science in China Series E: Technological Sciences, 2009, 52 (3): 559-565.

[238] 张国新，金峰，王光纶. 用基于流形元的子域奇异边界元法模拟重力坝的地震破坏 [J]. 工程力学，2001 (04)：18-27.

[239] 侯艳丽. 混凝土坝—地基破坏的离散元方法与断裂力学的耦合模型研究 [D]. 清华大学，2005.

[240] 张洪武，钟万勰，顾元宪. 三维弹塑性有摩擦接触问题求解的一个新算法 [J]. 应用数学和力学，2001 (7)：673-681.

[241] 陈国庆，陈万吉，冯恩民. 三维接触问题的非线性互补原理及算法 [J]. 中国科学（A 辑），1995 (11)：1181-1190.

[242] Leung A, Chen G Q, Chen W J. Smoothing Newton method for solving two- and three-dimensional frictional contact problems [J]. International Journal for Numerical Methods in Engineering, 1998, 41 (6): 1001-1027.

[243] Christensen P W, Klarbring A, Pang J S, et al. Formulation and comparison of algorithms for frictional contact problems [J]. International Journal for Numerical Methods in Engineering, 1998, 42 (1): 145-173.

[244] Qi L. Convergence analysis of some algorithms for solving nonsmooth equations [J]. Mathematics of Operations Research, 1993, 18 (1): 227-244.

[245] Qi L, Sun J. A nonsmooth version of Newton's method [J]. Mathematical Programming, 1993, 58 (1-3): 353-367.

[246] Westergaard H M. Water pressures on dams during earthquakes [J]. Transactions of ASCE, 1933, 98: 418-432.